教育部人文社会科学研究青年基金项目（20YJC760056）："厕所革命"背景下的第三卫生间设计及推广研究，研究成果

U0184296

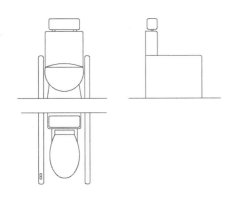

第三卫生间空间设计

Space Design of Family Restroom

刘波　张磊　余召辉　许春丽　著

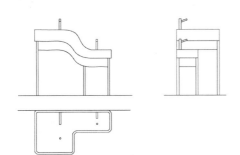

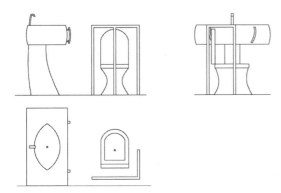

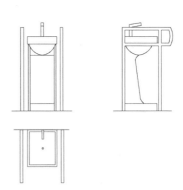

中国建筑工业出版社

图书在版编目（CIP）数据

第三卫生间空间设计 = Space Design of Family
Restroom / 刘波等著. — 北京：中国建筑工业出版社，
2022.8

ISBN 978-7-112-27808-4

Ⅰ.①第… Ⅱ.①刘… Ⅲ.①公共厕所—建筑设计
Ⅳ.①TU998.9

中国版本图书馆CIP数据核字（2022）第157275号

本书提供以下图片的彩色版，读者可使用手机/平板电脑扫描右侧二维码后免费阅读。
图号如下：
图2-4～图2-6；图4-1～图4-9；图5-1～图5-10；图6-1～图6-9；图7-6、图7-10、
图7-13、图7-17、图7-21、图7-23～图7-26、图7-32；图8-7、图8-14、图8-21、
图8-28、图8-35、图8-41、图8-42；图9-2～图9-13，图9-15～图9-34，图9-36～
图9-70，图9-72～图9-99，图9-101～图9-130，图9-132～图9-161；图10-11～图10-23。
操作说明：扫描授权进入"书刊详情"页面，在"应用资源"下点击任一图号（如
图2-5），进入"课件详情"页面，点击相应图号后，点击右上角红色"立即阅读"即可阅
读相应图片彩色版。
若有问题，请联系客服电话：4008-188-688。

责任编辑：唐旭　李成成
书籍设计：锋尚设计
责任校对：董楠

第三卫生间空间设计
Space Design of Family Restroom

刘波　张磊　余召辉　许春丽　著

＊

中国建筑工业出版社出版、发行（北京海淀三里河路9号）
各地新华书店、建筑书店经销
北京锋尚制版有限公司制版
北京云浩印刷有限责任公司印刷
＊

开本：889毫米×1194毫米　1/20　印张：8⅓　字数：276千字
2022年9月第一版　　2022年9月第一次印刷
定价：**48.00**元（赠增值服务）
ISBN 978-7-112-27808-4
（39785）

序 一

衣食住行用、吃喝拉撒睡都可能是设计研究的主题。"妈妈带男童上女厕"的话题曾引起大众的广泛关注。现实中，爸爸带女儿外出同样会遇到类似尴尬的情况。第三卫生间（家庭卫生间）概念的提出，就是为了缓解这样的尴尬。近年来，我国出台了不少政策鼓励和促进第三卫生间的建设。2016年年底，住房和城乡建设部修订的《城市公共厕所设计标准》CJJ 14—2016中就已明确要求，城市中的一类固定式公共厕所，二级及以上医院的公共厕所，商业区、重要公共设施及重要交通客运设施区域的活动式公共厕所，均应设置第三卫生间。既然有了明确要求，理应及时落实，积极推进第三卫生间的规划、设计与建设，并做好运行和维护工作。

相较于无障碍卫生间、母婴室，第三卫生间的概念对很多人而言还比较陌生，关注度也较低。但第三卫生间与无障碍卫生间、母婴室一样，都是建设和谐社会的重要环节，也是构建生育友好型社会的组成要素。当然，第三卫生间的建设与配备不可能一蹴而就，尤其在已有的公共设施中增设第三卫生间确实存在诸多困难，这就需要社会各界的持续关注和呼吁，并通过管理者、设计者、建设者和普通大众的共同努力，推动第三卫生间的建造和普及，让更多父母、孩子、老年人、残障人士感受到来自社会的善意与友爱。

目前，国内第三卫生间还处于设计建造初期，这方面的设计研究非常缺乏。随着社会关注度的持续增高，很多城市纷纷开始建设第三卫生间，但在实践中遇到了种种问题，迫切需要系统的理论研究和政策标准来指导和规范。我与本书作者湖北商贸学院的刘波老师相识近3年，知道他对第三卫生间进行了很多设计研究，积累了一定的学术成果，这也是本书撰写的重要基础条件。相信本书的出版能够促进社会大众对第三卫生间有更深入的了解，也带动更多专业设计师参与到这类社会性主题的设计研究与实践中，从而推动第三卫生间在我国的普及与设计水平的提升。

清华大学美术学院教授

教育部新世纪优秀人才支持计划入选者

2022年4月

序 二

　　近些年人们使用公共厕所时，越来越多地接触到第三卫生间，其用途主要是公共厕所中专门设置的，为协助行动不能自理或行为障碍者的亲人（尤其是异性）使用的卫生间。国家设立第三卫生间的初衷就是为了解决进入小康社会后，弱势人群家庭共同外出能够舒适如厕，彼此相互照应，它并非为变性人士或中性人士所使用的卫生间。根据2016年，原国家旅游局（现国家文化和旅游部）发出的《关于加快推进第三卫生间（家庭卫生间）建设的通知》要求，主要是解决家庭成员间不同性别的成员共同外出，其中一人的行动无法自理，上厕所不便的问题。例如，奶奶协助孙子、爷爷协助孙女、母亲协助男童、父亲协助女童、女儿协助年迈的老父亲、儿子协助腿脚不便的老母亲、夫妻间有残疾人需相互协助等。第三卫生间是社会文明的缩影。本次由湖北商贸学院刘波老师等撰写的《第三卫生间空间设计》是对第三卫生间进行的全面梳理及研究。

　　刘波老师于2021年7月前往江苏重明鸟厕所有限公司（光谷芯产业园）实习工作。来这里的主要目的是：一方面自己要吃苦锻炼（学校到学校，与社会接触少），另一方面也是由于教育部人文社会科学项目需要（实际落地案例）。自己学习到了一些实践知识（考察江夏公厕项目、考察武汉九中公厕项目、学习公厕项目调研书、项目预算书、查阅公厕资料图书等），并从公司领导同事（周总、肖主任、李工、张工、熊工、范工、宋工、岳工、罗工等）处学习到一些实际工作经验（装配式厕所安装、吊装式厕所安装、三格化粪池、厕所竣工图、无人机高空测量绘制地形图、厕所文案数字媒体制作、施工员跑现场并协调关系、资料员制作翔实的孝昌县某乡村污水项目书、清单预算等），体会到在公司上班的不易（中午趴办公桌上休息一会，看到同事加班至晚上12点，周末加班）。刘波老师也提供了第三卫生间厕所的设计模型、洁具设计图册、拍摄的厕所竣工照片、厕所施工调研建议等。

"中国厕所先生"

江苏重明鸟厕所人文科技股份有限公司董事长

2022年4月

当父母带领异性孩子外出，当子女带领行动不便的异性老人外出，或其他特殊群体有如厕需求时，或多或少都曾有过如厕不便的经历，这时候如果有第三卫生间那就方便多了。

所谓第三卫生间，又被称作"家庭卫生间"，是在厕所中专门设置的、为行为障碍者或协助行动不能自理的亲人（尤其是异性）使用的卫生间，简单说就是"无性别"卫生间。可以预见，在不久的将来，第三卫生间将成为各城市各地区的一道风景，造福于广大特殊人群，让"方便"更方便。

第三卫生间虽然很好，但目前还存在着诸多问题，最明显的两个问题是政府对于第三卫生间的建设重视程度不够和民众对于第三卫生间的了解度不够。

政府对于第三卫生间的建设重视度不够分为两点：

一是建设数量和匹配度不够。在人民网关于"你使用过第三卫生间吗？"的调查问卷中有71.42%的人表示没见过第三卫生间。这说明第三卫生间并没有普及。

二是已经建好的第三卫生间存在各种问题，有些标志不清，有些空间狭小、设施不全，有的管理维护不善，并未被广大群众普遍知晓和有效利用，有的甚至索性关门。或许正因如此，很多地方对第三卫生间持观望态度，甚至担心"如果没什么人去，变成上锁丢空，成为堆放废物的地方，就浪费了设施"。

另外，民众对于第三卫生间的了解程度也不够，很多人并不清楚第三卫生间是什么，当出现特殊情况时也不会特地去寻找第三卫生间，这也导致了第三卫生间没法发挥应有的作用，限制了它的普及程度。当第三卫生间的使用率不足，人们对它的需求不高时，第三卫生间自然得不到重视。

随着"厕所革命"的不断推进，厕所不再仅仅只是现代城市的重要基础设施，它还是衡量一个国家文明程度的重要工具。第三卫生间是推进"厕所革命"中的重要一环，应当得到社会各界的重视，政府应积极落实政策把第三卫生间建到位，相关部门应加大宣传力度让民众知道什么是第三卫生间，和第三卫生间的意义，第三卫生间的普及和使用是社会文明向前的重要一步。

其实，第三卫生间早就被许多发达国家推广，而且深受欢迎，也不存在使用率低的问题。我认为，国内推进第三卫生间建设，应注意以下几点：

首先，不要持怀疑态度，患得患失，而应满怀信心，在有条件的地方建设第三卫生间。

其次，不要带有应付心态，千万不能简单化处理，如果设置了第三卫生间，却因为相关条件不达标而形同虚设，那就令人遗憾了。

再次，要把第三卫生间上升到和正常卫生间同等的高度，从面积、设施、数量、卫生等各个方面着手建设，确保第三卫生间发挥应有作用，甚至是超常作用。尤其是第三卫生间的数量，应尽可能多一些，方便多人同时使用。

最后，作为第三卫生间，也不一定仅限于老人、儿童、残疾人等特殊群体使用，范围完全可以扩大到所有人。

比如，第三卫生间在没有特殊人群使用的情况下，其他人也可以进去使用，以提高其使用率。第三卫生间如果能多设置一些设施，当能满足更多人的需要时，自然会有更多人去使用。

由湖北商贸学院刘波老师带领的科研团队撰写的《第三卫生间空间设计》一书，涵盖大量第三卫生间的卫生空间、卫生洁具、卫生设施创意设计案例，能够满足人们更人性化、细致化的如厕需求，为城市环境卫生建设提供有效的借鉴。

马芮 北京市公共厕所企业协会专家委员

《厕所之声》媒体主编

2022年4月

目　录

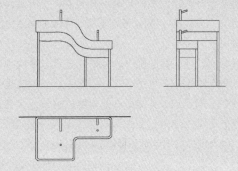

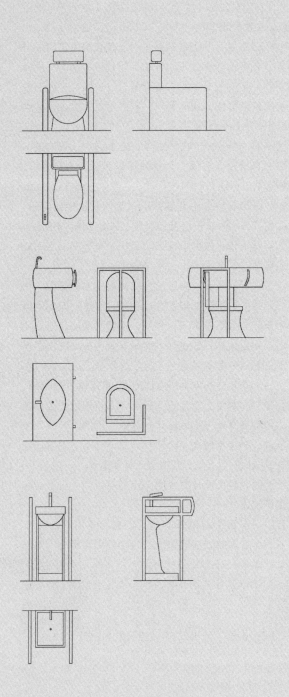

第 1 章

现状分析

近些年人们使用公共厕所时，越来越多地接触到第三卫生间，其用途主要是公共厕所中专门设置的，为协助行动不能自理或行为障碍者的亲人（尤其是异性）使用的卫生间[1]。国家设立第三卫生间的初衷就是为了解决进入小康社会后，弱势人群家庭共同外出能够舒适如厕，彼此相互照应，并非为变性人士或中性人士所使用的卫生间[2]。第三卫生间是我国文明高度发展的产物，是现代公共厕所内最温馨的地方。下面通过实地调研国内外第三卫生间的使用现状，进行分析比较，以为今后的设计奠定基础。

1.1 国内现状分析

1.1.1 社会发展环境

随着中国经济发展水平的不断提高，人们的物质生活水平的不断改善，与公共场所密不可分的公共卫生空间设施设计逐渐得到了大家的重视，近些年也从中诞生了第三卫生间。从2014年4月北京市"第三卫生间"统一标志，第三卫生间全部面向社会开放运行，到2014年10月上海市延安中路首设"第三卫生间"，再到2015年5月南京市夫子庙景区公厕改造与新建中设置6处"第三卫生间"，使得这个不为大多数人所知的第三卫生间不断出现在人们的面前，让大家对其有了初步的认识。2016年在全国厕所革命工作现场会上首次提出：全国5A级旅游景区都必须配备"第三卫生间"。

2016年12月，中华人民共和国国家旅游局（2018年更名为"中华人民共和国文化和旅游部"）向各省、自治区、直辖市旅游发展委员会、旅游局以及新疆生产建设兵团旅游局发出《关于加快推进第三卫生间（家庭卫生间）建设的通知》（旅办发〔2016〕314号）[3]：

第三卫生间（家庭卫生间）是在厕所中专门设置的、为行为障碍者或协助行动不能自理的亲人（尤其是异性）使用的卫生间。建设第三卫生间，有助于解决特殊游客群体的如厕需求，有助于完善旅游公共服务设施，有助于体现"厕所革命"[4]的人文关怀。目前，我国旅游场所第三卫生间数量还普遍偏少，影响厕所革命的持续深入开展。为加快推进第三卫生间建设，现将有关工作通知如下：

一、请各地立刻开展第三卫生间现状摸底调研，掌握第三卫生间建设需求和数量，制定工作实施计划，落实建设责任单位和责任人，尽快启动第三卫生间的全面建设。

二、请各地参照第三卫生间建设标准和标识，指导督导有关业主单位建设第三卫生间，要求所有5A级旅游景区必须具备第三卫生间，提倡其他旅游景区及旅游场所建设第三卫生间，鼓励有条件的地方全面推进第三卫生间建设。

三、各地要做好推进第三卫生间建设工作保障，强化指导和督促，制定政策措施，安排建设资金，确保旅游厕所第三卫生间建设、验收工作顺利开展、取得实效。国家旅游局（现文化与旅游部）将对各地推进第三卫生间建设工作情况进行督促检查。

同时明确了第三卫生间（家庭卫生间）应符合以下建设规范：

（1）家庭卫生间的门、便器、安全抓手、洗手池、挂衣钩、呼叫按钮等设施应符合现行国家标准《无障碍设计规范》GB 50763的规定。

（2）位置宜靠近公共厕所入口，应方便行动不便

---

① 中华人民共和国住房和城乡建设部. 城市公共厕所设计标准：CJJ 14—2016〔S〕. 北京：中国建筑工业出版社，2016.
② 中国建筑标准设计研究院. 城市独立式公共厕所：07J920〔S〕. 北京：中国计划出版社，2008.
③ 国家旅游局办公室关于加快推进第三卫生间（家庭卫生间）建设的通知（旅办发〔2016〕314号）〔S〕. 2016.
④ 王力. 厕所革命——"老剪报"继往开来话短长〔M〕. 北京：人民出版社，2018.

者进入，轮椅回转直径不应小于1.50m。

（3）内部设施应包括成人坐便位、儿童坐便位、儿童小便位、成人洗手盆、儿童洗手盆、有婴儿台功能的多功能台、儿童安全座椅、安全抓杆、挂衣钩和呼叫器。

（4）使用面积宜不小于6.5m²。

（5）地面应防滑、不积水。

（6）多功能台和儿童安全座椅宜可折叠，儿童安全座椅离地高度宜为300mm。

（7）家庭卫生间平面布置参考示意图见第2章图2-1。

（8）家庭卫生间的标识见第2章图2-8（颜色、尺寸可根据实际情况确定）。

根据文化和旅游部"厕所革命再发力"网站统计数据，全国5A级旅游景区在2017年年底已建成604座"第三卫生间"，其中新建271座，改扩建333座。可见第三卫生间对人们的服务范围以及社会影响越来越大。

2017年，北京环卫集团创建"第5空间"。"第5空间"按照一站式社区综合服务中心定位，集成了多种基本公共服务和便民服务，方便了群众生活。例如，内部专门增设了第三卫生间，方便老人、母婴以及家庭其他成员使用；在休息室区域，市民除了可以在这里吹空调、看电视外，还可以免费使用WiFi、充值缴费、停车充电等[①]。

2017年，山东省日照市首座带"第三卫生间"星级公厕投入使用。一座融功能齐全与人性化设计于一体的星级标准公厕亮相山东省日照市区街头，正式投入使用。公厕位于济宁路北头、安泰诚品小区东门，是市区建成的首座带"第三卫生间"集"公共厕所、

环卫工人爱心驿站、生活垃圾压缩站"三位一体的公厕，也是市环卫处开展"公厕管理年"提标升级的试点公厕[②]。

2017年，湖北省启动"厕所革命"三年攻坚行动。在襄阳市檀溪路，该市首座标准化装配式公厕正式对外开放，新公厕外观设计与周边环境、整体建筑协调一致，设有残疾人无障碍设施以及"第三卫生间"[③]。

2018年，江苏省城乡"厕所革命"全面提速。新建改扩建旅游厕所1500座，未来三年这一数字则将达3650座，其中，新增农村无害化卫生户厕20万座，新增第三卫生间1000间[④]。

2018年，住房和城乡建设部正式印发《关于做好推进"厕所革命"提升城镇公共厕所服务水平有关工作的通知》。通知要求对方便老幼、残疾人等特殊人群使用的卫生间（第三卫生间）及附属的盲道、轮椅坡道、扶手抓杆等人性化设施设备，要提出相应要求，提高设计和建设管理水平，在细节上下功夫，提高公共厕所使用的便利性[⑤]。

2018年，乌鲁木齐市在人民广场、南湖市民广场建四座样板公厕，增设"第三卫生间"等人性化设施，方便孕妇、残障人士等人群使用。目前，四座公厕已陆续施工，即将向市民开放[⑥]。

2018年11月19日，迎来了第六个"世界厕所日"（Nature is calling）。在我国改革开放40周年的春风里，第三届中国厕所革命创新博览会暨高峰论坛也同期在上海市举行。展会以推进我国厕所革命为大背景，全面展示厕所及相关领域的最新设备、设施产品、创新

① 北京环卫集团. 北京环卫集团创建的"第5空间"［EB/OL］. https://www.caues.cn/site/content/1409.html.
② 山东省日照市首座带"第三卫生间"星级公厕投入使用［EB/OL］. 大众网https://www.caues.cn/site/content/1718.html.
③ 湖北省将启动"厕所革命"三年攻坚行动［N/OL］. 湖北日报https://www.caues.cn/site/content/2069.html.
④ 江苏省2018年城乡"厕所革命"全面提速［N/OL］. 新华报业网https://www.caues.cn/site/content/2364.html.
⑤ 住建部通知：推进"厕所革命"提升城镇公共厕所服务水平［EB/OL］. 环卫科技网https://www.caues.cn/site/content/2279.html.
⑥ 乌鲁木齐建4座人性化样板公厕 增设"第三卫生间"［N/OL］. 乌鲁木齐晚报https://www.caues.cn/site/content/2493.html.

技术以及第三卫生间设施①。2018年上海市公厕第三卫生间配置比例达14%。从2013年起，上海市在公厕独立无障碍厕间的基础上，试点探索了公厕第三卫生间的配建。直至2018年，上海公厕第三卫生间的配置比例已达到14%②。

2019年，山东省5A级景区已全部配置第三卫生间。山东省还将新建、改扩建旅游厕所1600座，实现全省60%的4A级景区建成第三卫生间。到2020年再新建、改扩建旅游厕所1600座，实现全部4A级景区建成第三卫生间③。

2020年，新时期"厕所革命"之城市公共厕所设计建设与管理。第三卫生间设备设置要提升，例如：婴儿床、安全扶手等设施规范（扶手一横一竖）齐全，预埋生根，牢固可靠。应急呼叫，高矮适宜，位置准确，灵敏有效④。

作为"全国厕所革命先进城市"的江苏省苏州市，2016—2020年里在公厕建设中投入的资金超过10亿元，做好、做足了"小厕所"的"大文章"。位于苏州市姑苏区古胥门的公共卫生间在设计中融入了苏式传统元素，该公厕环境洁净明亮，第三卫生间、哺乳化妆间等贴心设施也一应俱全⑤。

1.1.2 学界研究现状

住房和城乡建设部标准定额研究所于2008年主编了《公共厕所设计导则》RISN-TG004-2008，对第三卫生间明确了规范称谓。第三卫生间专为协助行动不能自理的异性使用的厕所（不同性别的家庭成员共同外出，其中一人的行动不能自理）。同时，也明确了第三卫生间也称为家庭卫生间，英文为family toilets。

中国建筑标准设计研究院于2008年主编了《城市独立式公共厕所》07J920，详细介绍了城市公共厕所的一类（大型）、二类（中型）、三类（小型）里，第三卫生间的空间造型形式，并绘制出了第三卫生间的平面图样，供相关行业借鉴。

2011年，王志宏主编了《世界厕所设计大赛获奖方案图集》，将2011届大赛的旅游公厕、城市公厕、乡村公厕的获奖设计作品进行展示，其中有些案例进行了第三卫生间平面布置图和效果图设计，促进了社会大众对其的了解。

2015年，苑广阔提出了"第三卫生间"体现文明与进步的理念，介绍了南京夫子庙核心景区旅游公厕的改造出新和新建已完成6处第三卫生间的使用现状，它的出现既体现了社会在"厕所文明"上的进步，同时也体现了在南京城市公共基础设施建设方面的人性化。

2015年，北京大学旅游研究与规划中心主编了《旅游规划与设计——旅游厕所》，其中在唐健霞、吴建星、马若峰、何颖撰写的"世界风景厕所发展与研究"章节中，详细介绍了第三卫生间应满足全年龄段旅游者使用的情况。

2016年，北京市环境卫生设计科学研究所主编了《城市公共厕所设计标准》CJJ 14—2016，介绍了第三卫生间的设置规定、第三卫生间的平面布置图、第三卫生间的标志等。

2017年，李海燕探讨了第三卫生间掀起的"厕所革命"，第三卫生间的存在就是为了让每一个生命都能活得更体面、更有尊严。

① 上海市市容环境质量监测中心. 世界厕所日 | "厕所革命"正当时，Nature is calling［EB/OL］. https://www.caues.cn/site/content/2491.html.
② 上海市公厕的回眸与展望［EB/OL］. 上海市绿化市容局官网https://www.caues.cn/site/content/2111.html.
③ 山东省5A级景区全部配置第三卫生间［N/OL］. 大众日报https://www.caues.cn/site/content/2690.html.
④ 张力. 新时期"厕所革命"之城市公共厕所设计建设与管理［EB/OL］. https://www.caues.cn/site/content/3629.html.
⑤ 宁宣. 建好"小公厕"改善"大民生"［N/OL］. 中国建设新闻网https://www.caues.cn/site/content/4778.html.

2017年，汪昌莲论述了"第三卫生间"的尴尬如何破解，更好地体现"第三卫生间"的使用价值。特别是，对于如厕尴尬问题，完全可以通过制作鲜明的公厕标记和引导人们养成随手关门的习惯来克服。一旦人们形成习惯，"第三卫生间"的尴尬就会减少很多。

2017年，许朝军探讨了别让"第三卫生间"成为"纸上设施"。具体措施为：首先是出台具体的建设规划和目标，并制定具体的考核评估机制制度，督促各地各单位加快推进"第三卫生间"建设。比如将"第三卫生间"建设纳入景区综合考核评价体系，作为星级评定和景区考核评估的重要指标，纳入城市公共服务和创建工作指标考核评估体系，对于完不成"第三卫生间"建设指标任务的，可以采取摘星降级、创建扣分、公共服务评估减分等措施，这样才能调动各景区、各部门、各地的建设和管理积极性。其次是要采取奖励激励措施，将"第三卫生间"作为公共服务设施建设的重要革命以及公共服务质量提升的重要抓手，鼓励采取以奖代补的方式，鼓励采取民间投资冠名等模式，广开投资渠道，对现有公共卫生间设施进行改造或者新建，并将"第三卫生间"纳入其中，这样也能从根本上解决地方建设投入和资金来源等问题，更有利于早建设、早见成效、早实施人性化服务惠及公众。最后，还应积极开展"第三卫生间"公益善意和人性关爱意义的宣传普及，一方面让公众从中学会文明行为，文明纾解生活之困；另一方面也让公众理解、接受并监督地方和景区的"第三卫生间"建设，为厕所革命营造浓厚的社会氛围，这样不仅能监督"第三卫生间"建设管理，而且能促进社会公共服务飞跃提质，这对于建设和管理"第三卫生间"而言，也是一次民意监督和推动的干预，民意关切之下，监督给力，"第三卫生间"还何愁不能落地。

2017年，象飞田论述了第三卫生间的设立凸显人文关怀。人人生而平等，善待老幼残弱是文明社会的重要标志。从某种意义上说，第三卫生间是衡量一个地区人文关怀的一把标尺，特殊群体的特殊需要能

否得到满足，直接体现了这一地区的公共服务水平和社会文明程度。当前，焦作市上下正在积极开展全国文明城市提名城市迎检工作，第三卫生间的出现只是"四城联创"大潮中的一朵小浪花，但足以折射出焦作市在补齐城市短板、提高民生福祉、提升公共服务水平方面发生的可喜变化。借"四城联创"的东风，焦作市建设第三卫生间能够全域布局，多点开花，让更多有需要的市民受益。

2017年，张翼提出了从"第三卫生间"看景区厕所的人性化服务。介绍了赤水丹霞景区快速落实国家旅游局的要求，高质量配置"第三卫生间"（家庭卫生间），为游客家庭或特殊人群如厕提供最大程度的方便，使得一般公厕的构成更加丰满，服务方式更加精准，受益人群更加普及，其人性和温煦的一面自然会引发游客高度认可。厕所建设品质和服务深度的构造变革，作为景区服务内容质地的高配升级版，完全可以作为景区评级的重要加分项，至少在游客心中，设计周到、卫生漂亮的"第三卫生间"所传达出的舒惬体验，已经增加了印象分。厕所革命的推进，归根结底植根于景区人文氛围和宜游度及宜"居"度。景区游客流量的增强和分众化趋势，也为公厕等相关服务设施的配置提出了新的要求，不仅要对厕所内部设施进行升级、扩容、提质，而且要打破传统男、女厕印象，提供多样化如厕空间，包括第三卫生间和必要情况下的母婴室等。

2017年，秋君提出了第三卫生间掀起"厕所革命"。在国家旅游局的密切推动下，我国第三卫生间的建设已经从5A级景区开始迈上了高速轨道。根据国家旅游局发布的《关于加快推进第三卫生间（家庭卫生间）建设的通知》要求，不仅现有5A级旅游景区要配备，今后申报5A级旅游景区也必须配备。第三卫生间的逐渐普及，体现了景区对于游客个性化需求的人性化关怀。随着厕所革命攻坚战的打响，借助从景点旅游向全域旅游转变的契机，未来我国的景区、街头、交通枢纽站附近将会出现越来越多的第三卫生间，帮

助有特殊要求的游客解决尴尬难题。

2018年，刘杰、白佳茵、王怡文、马发旺探讨了"厕所革命"背景下第三卫生间的认知及建设调查研究。随着我国市场经济的转型、升级以及人们生活质量的提升，人们的外出次数日趋增加。公共厕所已不单单是满足人们外出"方便"的需要，还要满足人们在休息、文化和审美等多方面的需求。当今，在大力进行厕所革命的背景下，如何顺应趋势解决家长带异性儿童如厕尴尬的现象已不容忽视。因此，在这样的局面下，第三卫生间作为一种新兴模式被引入我国，目前已在我国部分城市建立试点并受到了广泛的好评，有效地解决了家长带异性儿童如厕尴尬的窘境。基于此背景，他们对沈阳市五大区的20~50岁居民，对第三卫生间的认知和需求状况进行调研与分析，为改善沈阳市厕所服务质量并对构建理想型第三卫生间提供建议。

2018年，焦敏、方舒以成都武侯祠为例，开展了第三卫生间公众认知与需求探究。通过定性与定量结合法，兼问卷调查法、访谈法、充分利用数据统计整理软件，对访谈内容和问卷进行了相应的整理。得到了第三卫生间的大众认可度较高，认知度较低，需求度比较高等结论。提出了景区景点应注重在导引系统上注明与讲解，加强宣传力度，普及化"第三卫生间"概念，人员安排需到位，监管维护及时，积极引导具实效性等建议。

2018年，周莉莉在地域文化视角下，进行了第三卫生间公共设施设计研究。在城市公共场所建设满足特殊群体使用的第三卫生间是完善城市服务功能、提高城市质量的一项利国利民的好政策，第三卫生间的出现使得城市空间变得更亲切且宜居。但是现今建设的第三卫生间存在认知度低、公共设施标准化生产导致的体验差等问题，究其原因是设计缺乏独立思考，一味照搬而非因地制宜。该学者提出了把地域文化融入公共设施设计，借助设计提升基础服务质量，增强服务体验，对树立城市名片、传播城市口碑起到积极

作用，推动城市的可持续性发展。该学者又在2019年进行了基于用户行为的第三卫生间公共设施产品设计研究，提出了适婴型的护理台产品设计、适童型的洗手台产品设计等提案，期望为今后的第三卫生间产品设计提供蓝本。

2018年，魏晓敏论述了"第三卫生间"体现人文关怀。"第三卫生间"不仅建设好，还要维护好、管理好。城市公共服务要细之又细，对"第三卫生间"这类新事物，一方面要加大宣传普及，提高市民认知度；另一方面要细化管理，不妨适当设置一些说明指示牌或温馨提示，积极引导推广使用，让充满人文关怀的"第三卫生间"发挥更大功用。

2019年，庄媛探讨了"第三卫生间"是城市人文关怀的"标尺"。"第三卫生间"建设是个系统工程。近年来，深圳出台了《深圳市"厕所革命"三年行动计划（2017—2019年）》及《深圳市高品质公共厕所建设与管理标准》等多个相关文件，对"第三卫生间"的建设标准、空间面积、技术标准等都有明确要求。目前之所以发展较慢，有建筑结构及面积等硬件条件的限制，也有宣传、引导等软件方面的不足。"第三卫生间"需要重视和完善，也需要久久为功；不仅要建设好，还要维护好、管理好。

2019年，王楚言、邢露、李岚以南京市玄武湖及周边400m范围为例，探讨了第三卫生间建设规划研究。第三卫生间作为"厕所革命"的重点项目，不仅进一步完善了公共厕所的服务功能，还体现了社会助老扶幼的人文主义关怀。他们通过收集理论资料和进行实地调研，分析南京市玄武湖及周边400m范围内第三卫生间的建设现状和公众对其的认知、需求，为第三卫生间的进一步发展提供了合理的建设性意见。

2020年，梅小清、罗瑞云进行了商业空间中的第三卫生间设计研究。从人性化的角度出发探索如今我国第三卫生间的设计。通过了解当前城市以商场为主的商业空间中的第三卫生间的现状，分析存在的问题，同时对需要使用第三卫生间的群体需求进行调

研，对商场中的第三卫生间设计进行研究。他们具体阐述商场中建设完善第三卫生间的重要性、设计内涵和从人性化的角度进行第三卫生设计的方法，以指导实践。

2020年，樊孟维开展了基于"全设计"理念的第三卫生间设计研究。"卫生间"是人类最重要也是最不可或缺的生活空间。在物质生活极大丰富的今天，公共建筑空间的卫生间最能体现一个城市的社会公共服务质量，是衡量一个城市文明进步和人性化的重要指标，体现着社会的文明程度和人文精神。"第三卫生间"是在厕所中专门设置的，为行为障碍者或协助行动不能自理的亲人尤其是异性使用的卫生间。她通过对残疾人卫生间和中性卫生间的概念辨析，引入"第三卫生间"的概念，并从"全设计"的视角，探索了"第三卫生间"设计的必要性及对策。

2020年，樊孟维、于波、郭海涛进行了城市公园第三卫生间设计调研。指出，当前城市公园已经成为市民休闲娱乐的主要去处，随着游憩人数的增加，对城市公园卫生间也提出了更高的要求，为了解决部分特殊人群如厕不够便利的问题，参照相关规定，城市公园卫生间应该专门设置第三卫生间，以保证不同人群都能够轻松如厕。他们通过对长春城市公园第三卫生间的调研，从第三卫生间的设计理念出发，提出了城市公园第三卫生间规划设计的必要性及对策。

2021年，陈晓曼提出了第三卫生间应多建一些。相较于在公共场所设立母婴室，第三卫生间的概念对很多人而言或许还比较陌生，人们对它的关注度也较低，但它与母婴室一样，都是构建生育友好型社会的题中之意。当然，第三卫生间的建设与配备需要时间，在已有的公共设施中增设第三卫生间也可能存在一些困难。这就需要社会各界在持续呼吁加强硬件设施建设的同时，给予更多宽容与理解，让更多父母和孩子感受到来自社会的善意与友好。

2021年，汪昌莲提出了"建管并重"破解第三卫生间尴尬。首先，第三卫生间的数量相对较少，即便有的公共场所设置了第三卫生间，也存在使用率不高、标识模糊等情况。其次，人们对于第三卫生间还需要一段时间来接受。第三，由于管理服务比较滞后，如厕尴尬事件时有发生。比如，在郑州一座第三卫生间，一位20多岁的男子因内急，拉开了一道没上锁的门，结果里面正巧有一位女士在方便。因此，只有"建管并重"，才能破解第三卫生间可能出现的尴尬局面。应加大宣传力度，提高公众对第三卫生间的认知度。大众观念改变了，接受第三卫生间也就自然了。同时，应严格按照《城市公共厕所设计标准》《"中性卫生间"建设指导意见》规划设计，更好地体现第三卫生间对老、幼、病、残、孕等特殊群体的人文关怀。特别是，对于如厕出现的尴尬问题，完全可以通过制作鲜明的公厕标识、引导人们养成随手关门的习惯来克服。

2021年，丁秦杰、叶雯、邓义环、刘佳颖、程琪以蚌埠市为例，进行了城市第三卫生间的探索。随着社会的进步和人们对人性化空间的需求日益增多，第三卫生间也出现在大家的视野当中。细微之处见真情、微小之处显文明，虽然第三卫生间的设立只是城市建设中的一小部分，但是却可以从中窥见整个社会的人文关怀。他们对蚌埠市第三卫生间的投入使用情况展开实际调查，从具体案例出发，结合文献资料，深刻剖析了蚌埠市第三卫生间存在的问题，并且对这些问题展开思考与探索，提出了建设蚌埠市第三卫生间城市内部网络的相关建议。

1.1.3 实地现状调研

为探索构建第三卫生间的服务需求模式，提升第三卫生间的社会认知，采取调查问卷的方式，对北京、上海、武汉的第三卫生间使用现状进行调研。

1. 材料与方法

受2020年新冠肺炎疫情的影响，"厕所革命"背景下的第三卫生间设计及推广研究课题组，在2020年4

月至6月，通过手机微信问卷星制作《第三卫生间问卷调查表》，在北京、上海、武汉三地同时发放，共回收有效问卷600份。选择以上城市的原因在于，第三卫生间目前属于城市公共卫生新兴事业，此三个地区都属于我国重要的大型城市，社会经济发展程度较高，大众接受新兴事物能力较快，其客源类型也较广泛，有助于研究人员掌握不同人群对第三卫生间的态度和需求，从而提供普适性建议。由于采用的是手机微信问卷星问答的形式，所以在回收的有效问卷中，也存在其他地区的相关用户，例如山东、河北、河南等地人员填写的问卷，但占比不高。

2. 问卷设计

调查问卷共设置了21个问题，其中：表1-1含5个，表1-2含2个，表1-3含4个，表1-4含6个，图1-1至图1-4各1个。同时，问卷全部采用选择题的形式进行答题，其中：单选题14个，多选题7个。

调查问卷内容主要包括：用户的认知度、满意度、需求度；用户使用的主要形式；用户使用的主要设施；用户觉得应该布置的区域；用户对配套设施的建议等五个方面。

3. 调查内容

根据问卷结论绘制出以下表格和图纸，方便研究人员对各项数据进行清晰比对，开展后续研究。

调查对象主要分为：用户性别、年龄、学历、月薪收入、生活的城市等，如表1-1所示。

根据以上数据可以看出，本次调查的用户群体在北京、上海、武汉三个城市数据分布比较均衡，主要以40岁以下具有大专以上学历、收入中等偏上者居多，并且女性用户多于男性用户。

在用户认知度方面，大多数用户在使用公共厕所需要排队，而在第三卫生间无人的情况下，不会主动使用第三卫生间，表明有些用户不知道第三卫生间或者不太清楚第三卫生间的用途。而98.5%的用户期望第三卫生间从属于家庭卫生间，以便于照顾弱势异性家属安心如厕，这说明了社会对于第三卫生间的需求

用户群体数据分析　　　表1-1

类别	选项	人数	占比（%）
用户性别	男	263	43.9
	女	337	56.1
用户年龄	25岁以下	190	31.7
	26~40岁	294	49.0
	41~55岁	88	14.6
	56岁以上	28	4.7
用户学历	初中及以下	15	2.5
	高中	19	3.2
	大专	102	17.0
	本科	259	43.1
	研究生及以上	205	34.2
用户月薪收入	3500元以下	72	12.0
	3501~5000元	153	25.5
	5001~8000元	192	32.0
	8001~10000元	121	20.2
	10001~15000元	52	8.6
	15001元以上	10	1.7
用户生活的城市	北京	187	31.2
	上海	173	28.8
	武汉	191	31.8
	其他	49	8.2

普遍很高（表1-2）。

在第三卫生间数量及卫生管理方面，用户的满意度不高，问题主要集中在卫生间数量偏少、基本卫生状况不尽人意和服务管理不到位等方面。在当前卫生间硬件设施普遍加强的大环境下，用户对卫生管理和服务等软性要求也在不断提升。糟糕的卫生状况和管理服务跟不上，是造成第三卫生间使用体验感差的主要原因。有些第三卫生间经常锁上，形同虚设，也造成了资源浪费（表1-3）。

用户认知度数据分析　表1-2

类别	选项	人数	占比（%）
在使用公共厕所需要排队，而第三卫生间无人的情况下，是否会主动使用第三卫生间	会	235	39.2
	不会	365	60.8
期望第三卫生间从属于家庭卫生间，能够照顾弱势异性家属安心如厕	期望	591	98.5
	不期望	9	1.5

用户满意度数据分析　表1-3

类别	选项	人数	占比（%）
卫生状况	坐便器不卫生	293	48.8
	存在异味	207	34.5
	缺少卫生纸	168	28.0
	水龙头没有温水	155	25.8
	婴儿台不卫生	139	23.1
	地面湿滑	132	22.0
	杂物太多	71	11.8
打扫时间间隔	一小时打扫1次	184	30.7
	两小时打扫1次	171	28.5
	三小时打扫1次	138	23.0
	半天打扫1次	93	15.5
	一天打扫1次	14	2.3
卫生配套管理	无人管理	268	44.7
	外部引导不明显	168	28.0
	私密性不强	151	25.2
	设施不理想	142	23.7
	经常锁上	113	18.8
	通风性差	80	13.3
	使用面积较小	75	12.5

类别	选项	人数	占比（%）
第三卫生间数量	不够用	283	47.2
	少量够用	147	24.5
	基本够用	156	26.0
	数量富裕	14	2.3

根据表1-4，相对于传统男女公共厕所，用户对第三卫生间的设计、设施和服务也有更多样化、人性化、便捷化、智能化的需求。比如更青睐方便又卫生的自动感应门，希望第三卫生间的设计更有家庭色彩并且能增加方便老人和小孩的安全设施，可以接受卫生用纸的合理适当收费等。

用户需求度数据分析　表1-4

类别	选项	人数	占比（%）
入口形式	自动感应门	252	42.0
	推拉门	206	34.3
	平开门	116	19.3
	折叠门	22	3.7
	转门	4	0.7
增配设施	防滑地板	480	80.0
	坚固的扶手及抓杆	393	65.5
	保险绳固定小宝宝	319	53.2
	加强照明	189	31.5
	墙面软包	17	2.8
室内色调	暖色彩	218	36.3
	冷暖色搭配	170	28.3
	家庭色彩	106	17.7
	冷色彩	64	10.7
	儿童色彩	31	5.2
	无所谓	11	1.8

类别	选项	人数	占比（%）
卫生用纸是否收费	合理适当收费	503	83.8
	不合理，应该免费提供	97	16.2
卫生用纸付款方式	电子货币扫码付款	567	94.5
	现金付款	33	5.5
拓展服务	内部空间宽大	337	56.2
	外部景观良好	262	43.7
	提供休息座椅	258	43.0
	视觉标志强	155	25.8
	配有卫生洁具说明书	143	23.8
	提供开水供应	60	10.0

根据用户的使用情况来看，父母携带孩子使用达到半数以上，与残疾人士或年迈父母出行使用占比也较高，说明第三卫生间满足了家庭各类人群的如厕需求（图1-1）。

在第三卫生间主要使用设施方面（图1-2），除了成人坐便位、洗手盆、烘手机等基本配置外，用户群体对婴幼儿及儿童使用的相关设施需求较大，这也与图1-1父母携带孩子使用过半数以上的分析结果相呼应。因此，第三卫生间除了常规的卫生设施外，更应配置方便婴幼儿、儿童、老人及残疾人士使用的卫生设施。

根据用户觉得第三卫生间应该布置的区域选项，除了商业广场、旅游景区、交通枢纽站等常规区域，大部分用户还选择了博物馆、科技馆、文化演出场所、大型展览等多个区域（图1-3）。这实际上体现了用户日常的活动轨迹。随着社会经济的快速发展，在衣食住行之外，人们的文化娱乐需求也在增加，相应的这些区域对第三卫生间的需求也日益体现。

根据用户对第三卫生间配套设施建议的分析结果，如图1-4所示，用户对第三卫生间的要求非常理性，更注重人性化、科技感、合理化、紧凑化及个性化。

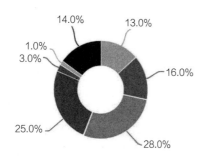

图1-1 用户使用第三卫生间的主要形式

■（作为父母）携带3岁以上7岁以下的小朋友
■（作为父母）携带3岁以下婴幼儿
■（作为家属）与残疾人士一起出行
■（作为儿子）与年迈母亲一起出行
■（作为女儿）与年迈父亲一起出行
■（作为爷爷）与小孙女一起出行
■（作为奶奶）与小孙子一起出行

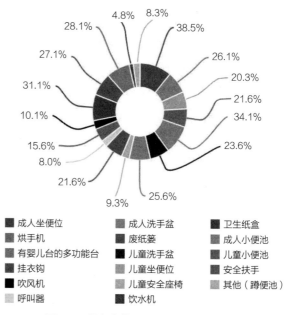

图1-2 用户在第三卫生间主要使用设施

■成人坐便位　■成人洗手盆　■卫生纸盒
■烘手机　■废纸篓　■成人小便池
■有婴儿台的多功能台　■儿童洗手盆　■儿童小便池
■挂衣钩　■儿童坐便位　■安全扶手
■吹风机　■儿童安全座椅　■其他（蹲便池）
■呼叫器　■饮水机

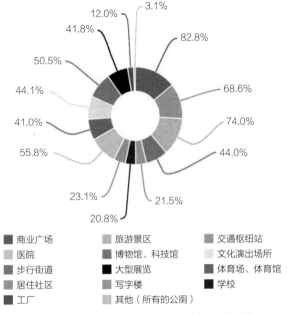

12.0%
3.1%
41.8%
82.8%
50.5%
44.1%
68.6%
41.0%
74.0%
55.8%
44.0%
23.1%
21.5%
20.8%

■ 商业广场　　　■ 旅游景区　　　■ 交通枢纽站
■ 医院　　　　　■ 博物馆、科技馆　□ 文化演出场所
■ 步行街道　　　■ 大型展览　　　■ 体育场、体育馆
■ 居住社区　　　■ 写字楼　　　　■ 学校
■ 工厂　　　　　■ 其他（所有的公厕）

图1-3　用户觉得第三卫生间应该布置的区域

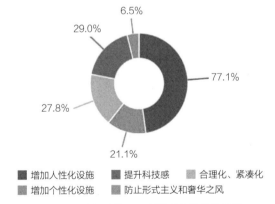

6.5%
29.0%
77.1%
27.8%
21.1%

■ 增加人性化设施　■ 提升科技感　　■ 合理化、紧凑化
■ 增加个性化设施　■ 防止形式主义和奢华之风

图1-4　用户对第三卫生间配套设施的建议

4. 结果与讨论

提升用户认知度：由表1-2看到，当前用户对第三卫生间的认知度较低，主要表现为多数用户不会主动使用（占比60.8%）。但多数用户期望第三卫生间从属于家庭卫生间，能够照顾弱势异性家属安心如厕，从而主动使用第三卫生间（占比98.5%）。调研结果与国家设立第三卫生间的出发点相似。2016年12月，国家旅游局办公室向各地区旅游发展委员会发出《关于加快推进第三卫生间（家庭卫生间）建设的通知》（旅办发〔2016〕314号），明确了第三卫生间是在厕所中专门设置的、为行为障碍者或协助行动不能自理的亲人（尤其是异性）使用的卫生间。此概念的提出就是为解决一部分特殊对象（不同性别的家庭成员共同外出，其中一人的行动无法自理）上厕所不便的问题。

当前各类媒体应进一步加大第三卫生间的宣传力度，提升用户认知度、接纳度。例如，电视台可以发布相关的公益宣传片，穿插到每天的电视栏目中，加深人们的认知。还可以建立微信公众号，并增加日常信息的推送量，及时发布一些关于第三卫生间的优秀案例、管理经验。又如在城市卫生管理网站中增设专栏，让各地的公厕管理者进行经验交流。这些方式都能有效提升对第三卫生间的认知度。

改善环境卫生状况：表1-3反映出的是用户对第三卫生间卫生状况、管理服务等问题不满意，因此改善环境卫生状况是当前第三卫生间急需解决的问题。

目前，城市公共厕所的品质在一定程度上标志着一个城市、一个地区的文明程度。第三卫生间作为城市公共厕所的衍生设施，更是社会文明高度发展的产物。但在调研中，用户普遍反映"第三卫生间的卫生状况不好，影响使用心情。""经常上锁、堆放杂物，不能体现人文关怀的真谛。"所以，只有当卫生状况良好的情况下，才能为老弱病残孕群体及其家庭提供更好的如厕体验。

提供多样化的卫生设施：由表1-4和图1-2可以看到，用户对第三卫生间的设计、设施和服务有更多样化、人性化、便捷化、智能化的需求。

相比传统的男女卫生间，第三卫生间的卫生设施应做到"全设计"，也可称"全民设计""通用设计"，即最普遍的设计。这是从"无障碍"设计概念演变而来的，设计关注弱势群体，如生理与心理功能衰退的老年人、生活能力不足的儿童、残障人士以及其他弱势人群，同时不排斥正常使用人群。体现的是对设计对象的全覆盖，是为所有不同能力的人"全"设计的，是更加人性化、合理化的设计。随着我国经济建设和人民生活水平的日益提高，政府越来越重视城市基础公共设施的建设，传统的公共卫生间已经不能满足人们出行时的多样需求。因此，第三卫生间的卫生设施应该打破局限于基本生理需求功能的局面，为大众打造一个提供多样化服务的卫生设施空间。

倡导多元化的使用方式：图1-1反映出，用户使用第三卫生间的主要情况要考虑家庭中各类人群方方面面的需求：父母携带孩子使用、与残疾人士或年迈父母出行使用、爷爷奶奶与孙子孙女出行使用等。

所以，相比传统的男、女卫生间，第三卫生间更要注重内部空间的使用多元化，这就需要建造者在有限的空间中，尽可能地提供不同使用功能，满足用户的各种如厕所需[①]。当前，第三卫生间的使用多元化正是现代设计的功能主义代表，功能主义是一种创作方法和美学理论。进入21世纪，现代设计的重要理念之一便是功能主义。功能主义就是要在设计中注重产品的功能性与实用性，即任何设计都必须保障产品功能及其用途的充分体现，其次才是产品的审美感觉。第三卫生间虽空间不大，但兼具多种使用功能，所以应倡导多元化的使用方式，这正是新时代功能主义的体现。

广泛布置区域：通过图1-3的调查结果我们发现，伴随人们的文化娱乐需求日益增长，用户日常活动轨迹也从商业广场等常规区域，逐渐扩展到博物馆、科技馆、文化演出场所、大型展览等多个区域，这些区域对第三卫生间的需求也日益体现。

社会经济的快速发展，一方面推动了各行各业的繁荣，各区域都需要建立完善、舒适的公共厕所，另一方面随着生活水平的提高，人们的如厕需求也将进一步多样化、细致化。在此背景下，对第三卫生间的广泛布置

正是这两者需求的有机结合。目前，第三卫生间主要集中在大城市人流量较大的区域，但随着我国经济实力的不断提升，今后会和城市公共厕所的建设同步，在空间区域较充足的公共厕所中就会配置第三卫生间，同时也需做到资源可回收，建立、建全资源回收型厕所。

完善配套服务：由表1-4和图1-4的分析可知，用户希望第三卫生间的设计、设施和服务要能体现多样化、人性化、便捷化、智能化的需求。

由于第三卫生间的服务用户来源较广，上至年迈老人、下至婴幼儿童，所以服务配套设施不容忽视。例如，日本国土资源有限，在建造公厕中就提倡"细节决定成败"，有时候忽略一个细小的配套问题，可能就满盘皆输。所以，第三卫生间的服务配套应完善，由调研结果可知，内部空间宽大，提供休息座椅，色彩靓化空间，支持电子货币购物，提升洁具科技感、智能化等都是服务配套完善的体现。

加强辅助设施的安全性：由表1-4可知，用户对诸如防滑地板（占比80.0%）、坚固扶手及抓杆（占比65.5%）、固定小宝宝的保险绳（占比53.2%）等安全设施的需求非常高。

在调研结果分析中，用户普遍反映第三卫生间的辅助设施应安全。这点尤为关键。因为其设立的出发点就是为弱势群体及其家庭服务，包括了需要搀扶照顾的银发老人，肢体障碍者，视力、听力、语言障碍者，带人工肛门、人工膀胱的患者，需要家属陪护的孕妇，携带婴儿、儿童的家长等。

站在用户的角度进行安全性设计是基础。首先，第三卫生间的大部分卫生洁具的外置结构都带一些辅助支撑功能，外部材质质感偏软，但核心结构必须稳定，杜绝事故安全隐患。其次，地面应选用尽量平整、防滑的地砖，墙面应软包，扶手应坚固，设施应耐用。第三，加配紧急求救设施，可以通过室内安置的紧急呼叫报警器，联系医疗部门将身体出现不适的用户尽快送往邻近医院

---

① 江苏省2018年城乡"厕所革命"全面提速［N/OL］. 新华报业网https://www.caues.cn/site/content/2364.html.

健全、完善的卫生监管制度：表1-3体现的是用户对第三卫生间管理不到位造成的糟糕卫生状况不满意。所以，对第三卫生间的管理，应制定一套可执行的保洁、通风、维护、消毒、照明、文宣、工具整理、检查记录等标准工作流程及管理制度，保障其正常运营。持续进行第三卫生间日常检查监督，并对其进行量化考核。根据考核结果，可分为优等级、普通级、改善级三个等级。对管理维护好的优等级第三卫生间进行经验推广，带动普通级的向前发展，对管理维护差的改善级责令整改，直至达到用户满意、考核升级为止。

相关管理机构还可以和公益组织合作，招募志愿者加入管理和维护第三卫生间的工作中，从而更好地服务大众。例如，联系公私民间企业团体参与认养第三卫生间环境整洁维护，每个第三卫生间对应当地一个慈善企业，通过一帮一、慈善企业助力的形式也可以加快其向前发展。通过以上方式，进一步提升用户的使用频率，并培养民众使用新型公共设施的素养。

推进"厕所革命"意识，带动第三卫生间建设：表1-3中，用户反映第三卫生间的数量不够用（占比47.2%），少量够用（占比24.5%）。这说明第三卫生间虽在我国刚刚兴起，但还是具备较高的社会需求，具有良好的发展潜力。现今社会的少子化、老龄化现象，也逐渐冲击着过去以成人生理性别作为上厕所的依据的现象，经常可以看到母亲带着男孩上女厕，或是父亲牵着女孩使用男厕，多少也会引起一些争议，类似的困扰还有带婴儿的父亲发现婴儿的尿布台只设置在女厕，或是儿子需要照顾行动不便的老妈妈上厕所等问题，这些不便与尴尬也不断提醒人们设置第三卫生间的重要性。

通过这些年全方位的"厕所革命"工作，广大人民群众反响较好，倡导推进"厕所革命"，体现了国家对百姓民生、城乡文明的高度关切，彰显了从小处着眼、从实处入手的务实作风，为新时代推动社会文明发展注入了强大动力，用户普遍看好第三卫生间的发展前景。所以，只有使"厕所革命"理念进一步深入人心，对每个环节切实做好有效性的建设，才能带动其可持续发展。各级政府、相关部门、大型卫浴生产商应该大力宣传和普及"厕所革命"的知识，通过各类宣传和管理措施，积极、有计划地推广第三卫生间，并联合建筑开发商建设一批示范工程，营造出重视弱势人群、正确使用第三卫生间的氛围。

第三卫生间的设立是21世纪我国社会文明向前发展的印证，是人文关怀主旨思想的体现。应让生活在新时代的老弱病残孕幼及其家庭能够体会到如厕带来的快乐，也能享受到如厕带来的安全、舒适、便利。

2020年，通过北京、上海、武汉三地用户的调查问卷分析，可以了解到当前国内大城市的第三卫生间建设依旧处于探索和试验阶段，其建设水准和运营管理普遍存在不足，用户对其认知度也需进一步提升，其后期工作还需要大力完善。当前，开展第三卫生间社会认知度与服务需求度的分析探讨，也是为了顺应时代发展，优化城市卫生系统建设，提高公共卫生服务意识，为"厕所革命"背景下的城市公共卫生新兴事业发展提供有效的借鉴。

1.2 国外现状分析

1.2.1 社会发展环境

在国外，第三卫生间（家庭卫生间）的称谓来自于英文Family Toilets的翻译，主要是方便带婴幼儿的父母，或有老人或残障人士的家庭单独使用的卫生间，发展到现在，转而重点服务于老弱病残人士如厕方便。美国是最早设置第三卫生间的国家，20世纪中叶就设立了第三卫生间，这建立在其科学系统的人机工程学和环境卫生学的研究基础之上，目的是尽量满足特殊人群及其家属的方便需求。

美国设计师亨利·德莱福斯（1955年）撰写的著作《为人的设计》[1]中，明确提出设计承载人们的情感，需要带给人更多、更细致的深切关怀和满足人的情感需求。进行第三卫生间空间设计就是人性化设计的重要体现，即对弱势群体的人文关怀。

日本的第三卫生间一直以洁净的环境、人性化、细致化的设施设计而被人们称道[2]。其率先制定《残障人士基本法》（1993年）对可供残障人士、老人、儿童等群体使用的第三卫生间空间设计作出严格规定，切实保证了这部分人的社会利益。

1.2.2　学界研究现状

2015年，Merryn Haines-Gadd、Atsushi Hasegawa、Rory Hooper等探讨了为英国乐施会研发的八周内设计生产的快速、应急、低成本厕所技术。随着世界变得越来越城市化，一些紧急情况下的城市卫生设施被发现有限且不足。英国乐施会与克兰菲尔德大学的C4D研究所合作，由设计师和工程师组成的团队进行了项目攻关，旨在为城市紧急情况下，开发一种快速、低成本、低技术的厕所卫生解决方案。

2016年，Zulkeplee Othman、Laurie Buys撰写文章提出在澳大利亚建立更具文化包容性的家庭厕所设施。关于厕所、排便、肛周清洁等可能被视为日常讨论中的禁忌话题，但从健康和卫生的角度来看却非常重要。在澳大利亚等多元文化国家，尚未从社会文化传统或宗教教义的角度对家庭厕所卫生要求给予研究关注。这些现状为未来的研究提供了机会，特别是对于那些拥有多元文化人口的国家而言，该研究侧重于通用厕所设计解决方案，具有适应性并能够满足所有

用户的需求。

2017年，Surya A. V.、Archna Vyas、Madhu Krishna等论述了确定印度城市贫困人口使用厕所的决定因素。在印度快速发展的城市贫民窟中，几乎没有结构化的城市规划和像样的基础设施，无法获得基本用水和卫生服务的人数正在增加。可悲的是，在印度，不断增长的贫民窟人口和缺乏足够的卫生设施使得每天有超过5000万男女在露天排便。该论文还记录了有关厕所使用决策途径的新证据，为行为改变沟通（BCC）活动的建筑师提供了关键见解。它还提供了关于非使用者在使用社区厕所和建造厕所方面的行为的证据。

2018年，Chung-YingTsai、Michael L. Boninger、Sarah R. Bass等开展了两种厕所配置中轮椅转移技术的上肢生物力学分析。使用适当的技术对于在轮椅转移过程中最大限度地减少上肢动力学非常重要。转移技能培训，使马桶座与轮椅座齐平，将轮椅放置在更靠近马桶的位置以及将扶手安装在更适合进行坐式枢轴转移的人的理想位置，可能有助于提高马桶转移的质量。

2019年，Steven M. V. Gwynne、Aoife L. E. Hunt、J. Russell Thomas等进行了基于厕纸的机场卫生间停留时间观察。评估卫生间设施的数量和位置是设计公共建筑、交通枢纽和城市空间的重要组成部分。设施不足可能会导致交通拥堵、不适，在极端条件下可能还会引发健康问题。因此，重要的是提供足够的卫生间设施，以帮助确保舒适和安全。

2020年，Kimberly Burkhart、Carrie Cuffman、Catherine Scherer表达了对如厕的期望和建议，描述了基于规范儿童发展的如厕的适当发展期望，提供了开始如厕训练的建议，与如厕相关的常见问题被确定为某些病症的流行原因和病因，讨论了针对这些问题

---

①　克多·巴巴纳克，著. 为真实的世界设计 [M]. 周博，译. 北京：中信出版社，2013.
②　张欢，陈军，孙延军. "人性化"在日本公厕建筑的体现——日本厕所的优点与对当前国内公厕建设的几点建议 [J]. 华中建筑，2010（11）:148-150.

的循证医学治疗和行为健康干预，为执业临床医生提供了循证策略。

2021年，Fernanda Deister Moreira、Sonaly Rezende、Fabiana Passos进行了城市公共场所卫生设施的路边厕所系统评价。旨在提高街道公共厕所在城市卫生中的作用和人们对其的认识，并找出理解和指导未来研究方面的差距。尽管文献展示了关于解决方案的各种观点，但公共空间的卫生设施被证明对于提供安全、无障碍和包容性公共空间的普遍使用是必不可少的，特别是对女性、跨性别者、儿童、老年人和残疾人而言。公共场所卫生服务的提供可以通过进一步研究，包容性参与以及联合国提供的规范性政策框架的要素来指导。

1.2.3 各国发展现状

1. 美国：家庭卫生间

美国没有第三卫生间的称呼，他们称其为家庭卫生间，英文为Family Room。家庭卫生间包含儿童便池区、成人便池区、无障碍设施、洗手化妆台、休息区等，如在沃尔玛超市的家庭卫生间里，除了正常的卫生间设施外，还配有沙发和茶几，茶几上还有玩具、杂志和画报。在这里上厕所可以说和在家里是一样的感受[1]。

2. 韩国：人性化第三卫生间

近些年，在韩国首尔各大商场、百货大楼的公共厕所里都会设置第三卫生间，其室内空间不大，但布局合理、功能完善、灯光明亮，主要是为方便携带年幼的孩子、年纪较大、腿脚不便的老人等家庭使用。这也体现了人文关怀的真谛，人文关怀的主旨思想就

要为老弱病残孕幼群体如厕提供便利，为弱势群体及其家庭提供服务[2]。

3. 日本：细致化第三卫生间

"细致决定成败"。日本人性格的细腻举世闻名，他们擅长在生活的各个层面专注、用心，大到整个都市规划，小至一花一草一螺丝钉，他们在每个细节上制造引人入胜的惊喜，在第三卫生间的细节设计上更是可见一斑，凸显细致化的设计理念。走入第三卫生间内可以发现，其室内空间并不大，但每处都呈现细致化设计的考量，如专门供儿童、孕妇、老年人、残疾人等弱势人群使用的卫生设施一样不少[3]。

4. 澳大利亚：公园第三卫生间

在澳大利亚许多公园都设有第三卫生间，例如，经历过巨大改造的本加利比公园，如今已成为悉尼西部郊区最大的公园，也是西悉尼的宝贵财富。JMD设计公司负责项目的景观设计咨询工作，设计并记录这一公园用地的开发流程。Stanic Harding建筑事务所则负责设计并建造一系列的公园遮蔽结构和两栋公厕建筑，用于为公园游客提供服务。公厕建筑需设有包含婴儿尿布替换台的第三卫生间和独立的男女厕所隔间。建筑被划分成两个区域，男、女厕所设施分设两侧，中间留一个开阔的空间用来设置第三卫生间和洗手池。向外探出的入口石板充当了建筑入口的门毡[4]。

1.3　小结综述

当今社会，设计已渗透到人们日常生活的方方面面，在人们的生活中扮演着日益重要的角色，但设计中的一切活动关注的主体是"人"，人是设计成果直接

① 刘波. 美国城市公共厕所的设计及其启示 [J]. 生态经济, 2017 (4):196–200.
② 许焕岗. 在韩国感受厕所文化 [J]. 城市管理与科技, 2008 (1):77–78.
③ 苏力博. 日本公共厕所 "人性化" 设计的完美体现 [J]. 艺术与设计, 2013 (12):89–91.
④ 李竹. 厕所革命 [M]. 桂林: 广西师范大学出版社, 2018:44–51.

或间接服务的对象，是设计的核心，即满足人生理和心理的需要、物质和精神的需要。通过以上国内外现状分析，可以了解到现阶段开展第三卫生间空间设计十分重要，是我国全面建设小康社会的代表之一，也是我国人文关怀的重要体现。

第三卫生间空间设计的主体是人，设计的使用者和设计者也是人，因此人是第三卫生间设计的中心和尺度。这种尺度既包括生理尺度，也包括心理尺度，而心理尺度的满足是通过设计人性化得以实现的。从这个意义上来说，设计人性化和人性化设计的出现，完全是设计本质要求的必然，绝非完全是设计师追逐风格的结果。第三卫生间空间设计的主题要关注人、关注人类的生活环境和生活方式，关爱弱者，引导如厕需求，主导卫浴产品发展的方向，内容紧贴时代发展脉搏。用设计的语言去表达人文思想，满足人的精神需求，要处处体现人文精神，因为离开了对人心理要求的反映和满足，设计便偏离了正轨。

因此，第三卫生间空间设计的人性化已成为评判设计优劣的不变准则。因为人的生活方式、心理反应、人与环境的关系已成为开发新型卫浴产品、发掘新思维的依据。人类设计只有以人为中心，为了人身心获得健康的发展、为了健全和造就高洁完美的人格精神而倾心服务，设计才会永远具有人类生命的活力，离开了热爱人、尊重人的目标，设计便会偏离正确的方向。正如美国当代设计家亨利·德莱福斯[①]所说的：要是产品阻滞了人的活动，设计便告失败;要是产品使人感到更安全、更舒适、更有效、更快乐，设计便成功了。

所以，第三卫生间空间设计要"以人为本"，这样才可以改善人们的如厕环境，提高人们的生活幸福指数。同时，让那些使用过的人们感受到良好的厕所环境，无形中也能提升自己的个人修养。随着第三卫生间空间设计的普及，也会吸引更多的游客，带动城市的经济发展，提高城市的综合竞争力。相信在不久的将来，随着第三卫生间的不断优化设计、改造建设，最终会为有需要的使用者提供更多的便利。

---

① 亨利·德莱福斯是美国第一代工业设计师中的代表人物，同时也是轨道交通工具设计的专家。20世纪30年代由他主持设计的Mercury列车是最具代表性的轨道交通工具设计之一，在世界轨道交通客运列车设计中具有重要的意义。

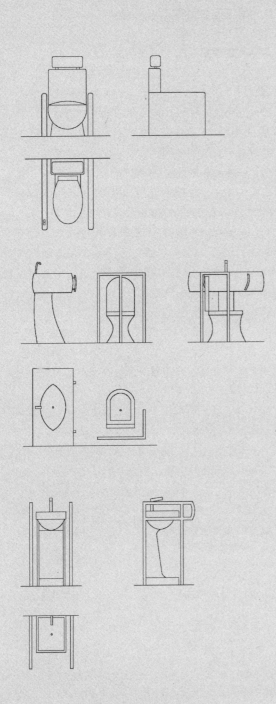
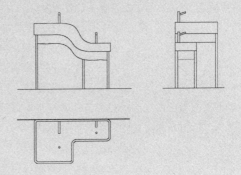

第 2 章

第三卫生间与无障碍
卫生间的比较研究

在"厕所革命"①不断深入发展的背景下，正确使用第三卫生间与无障碍卫生间就显得极为重要。第三卫生间和无障碍卫生间在发展脉络、使用空间、功能、设施、色彩、造型、标志等方面都存在一定的差异性。两种卫生间各有千秋，共同丰富了现代公共卫生空间。通过比较研究法，将第三卫生间与无障碍卫生间进行纵向、横向、纵横向结合三种方法比较，可以进一步了解两者在发展中的相似与相异，也可以促进社会大众对其进行更全面的认识，为今后的出行提供便利。

城市公共厕所一般设有男厕所、女厕所这两个传统类型，而第三卫生间主要是指在现代城市公共厕所内部空间中，单独设置的方便带婴幼儿的父母、有老人或残障人士的家庭使用的公共卫生间，以此来解决异性家属需亲属陪护，才能方便上厕所的问题。无障碍卫生间主要是指在男、女卫生间内有一个相对独立的卫生间，并配备专门的无障碍设施，给老年人、残障人如厕提供便利。当前，随着"厕所革命"的不断深入发展，研究人员通过比较研究法，将两者进行全面对比分析，以便促进人们对其有更全面的认识。

2.1 纵向比较

主要是通过研究历史进行比较，探寻第三卫生间与无障碍卫生间的发展脉络。

2.1.1 第三卫生间的研究现状

近些年随着第三卫生间在我国的逐步兴起，一些研究机构与学者对第三卫生间开展了研究。

2008年，住房和城乡建设部标准定额研究所主编了《公共厕所设计导则》RISN-TG 004—2008②，对第三卫生间明确了规范称谓。第三卫生间专为协助行动不能自理的异性使用的厕所（不同性别的家庭成员共同外出，其中一人的行动不能自理）。同时也明确了第三卫生间也称为家庭卫生间，英文为family toilets。

2008年，中国建筑标准设计研究院主编了《城市独立式公共厕所》07J920③，详细介绍了城市公共厕所的一类（大型）、二类（中型）、三类（小型）里，第三卫生间的空间造型，并绘制出了第三卫生间的平面图样，供相关行业借鉴。

2011年，王志宏主编了《世界厕所设计大赛获奖方案图集》④，将2011届大赛的旅游公厕、城市公厕、乡村公厕的获奖设计作品进行展示，其中有些案例配有第三卫生间平面布置图和效果图设计，促进了社会大众对其的了解。

2015年，苑广阔提出了"第三卫生间"体现文明与进步的理念，介绍了南京夫子庙核心景区旅游公厕的改造出新和新建已完成6处第三卫生间的使用现状⑤，它的出现既体现了社会在"厕所文明"上的进步，同时也体现了在城市公共基础设施建设中的人性化。

2016年，北京市环境卫生设计科学研究所主编了《城市公共厕所设计标准》CJJ 14—2016⑥，明确

① 刘志明，王彦庆. 厕所革命［M］. 北京：中国社会科学出版社，2018:1-3.
② 中华人民共和国住房和城乡建设部标准定额研究所. 公共厕所设计导则：RISN-TG004—2008［S］. 北京：中国建筑工业出版社，2008:16.
③ 中国建筑标准设计研究院. 国家建筑标准设计图集 城市独立式公共厕所07J920［S］. 北京：中国计划出版社，2008:7-20.
④ 王志宏. 世界厕所设计大赛获奖方案图集［M］. 海口：南海出版公司，2011:87.
⑤ 苑广阔. "第三卫生间"体现文明与进步［N］. 中国旅游报，2015-07-20（4）.
⑥ 中华人民共和国住房和城乡建设部. 城市公共厕所设计标准：CJJ 14—2016［S］. 北京：中国建筑工业出版社，2016:42.

了第三卫生间的设置应符合下列规定：位置宜靠近公共厕所入口，应方便行动不便者进入，轮椅回转直径不应小于1.5m，内部设施宜完善，使用面积不应少于6.5m²，地面应防滑、不积水，成人坐便器、洗手盆、多功能台、安全抓杆、挂衣钩、呼叫按钮的设置应符合现行国家标准《无障碍设计规范》GB 50763[①]的有关规定，多功能台和儿童安全座椅应可折叠并设有安全带，儿童安全座椅长度宜为280mm，宽度宜为260mm，高度宜为500mm，离地高度宜为400mm。

2016年，国家旅游局发布了关于加快推进第三卫生间（家庭卫生间）建设的通知[②]，要求各地区旅游管理委员会在国内旅游景点的公共厕所内配备第三卫生间，方便游客使用，并加以推广。

2017年，李海燕提出了第三卫生间掀起"厕所革命"的观点[③]，明确指出第三卫生间的存在，就是为了让每一个生命都能活得更体面、更有尊严。

2018年，刘杰、白佳茵、王怡文等在"厕所革命"背景下，以沈阳市为例，探讨第三卫生间的认知及建设调查[④]。指出第三卫生间作为一种新兴模式被引入我国，目前已在我国部分城市建立试点并受到广泛好评，有效地解决了家长带异性儿童如厕尴尬的窘境。并对沈阳市五大区20~50岁的居民进行走访调查，对第三卫生间的认知和需求状况进行调研与分析，为改善沈阳市厕所服务质量并对构建理想型第三卫生间提供建议。

2019年，周莉莉基于用户行为，构建了第三卫生间公共设施产品设计[⑤]。通过观察，将使用人群对第三卫生间的公共设施产品需求分类，界定为适老、适童、适婴及通用共四类设施，并尝试开展方案设计。

2020年，樊孟维基于"全设计"理念，探讨了第三卫生间设计[⑥]，通过对残疾人卫生间和中性卫生间概念的辨析，引入"第三卫生间"的概念，并从"全设计"的视角，探索了"第三卫生间"设计的必要性及对策。

2.1.2 无障碍卫生间的研究现状

1930年，瑞典、丹麦等北欧国家基于人道主义，开始发起无障碍设计，专供残障人使用，这也是世界上最早开始无障碍设计的国家。1961年，美国制定了世界上第一个无障碍标准，促进了其无障碍设计及建设事业的发展。1974年，联合国提出了无障碍设计这个名称，主要服务于残障人、老年人。1985年，中国残疾人福利基金会、北京市残疾人协会、北京市建筑设计院发出了"为残障人创造便利生活环境"的倡议。在此大背景下，我国一些学者对无障碍卫生间开展了研究[⑦]。

1986年，郭玲以无障碍设计为主题，论述了北京城市建设的新问题[⑧]，其中对无障碍厕浴空间的设计及建造进行了探讨。

1987年，金磊提出了无障碍室内环境设计理念[⑨]，介绍了国内外发展动态，并提请社会各界支持，呼吁

① 中华人民共和国住房和城乡建设部. 无障碍设计规范：GB 50763—2012 [S]. 北京：中国建筑工业出版社，2012:5-10.
② 国家旅游局. 关于加快推进第三卫生间（家庭卫生间）建设的通知（旅办发［2016］314号）[Z]，2016.
③ 李海燕. 第三卫生间掀起"厕所革命"[J]. 人民周刊，2017（4）:22-23.
④ 刘杰，白佳茵，王怡文，马发旺."厕所革命"背景下第三卫生间的认知及建设调查研究 [J]. 江苏商论，2018（6）:117-121.
⑤ 周莉莉. 基于用户行为的第三卫生间公共设施产品设计研究 [D]. 广州：广州大学硕士学位论文，2019:11-15.
⑥ 樊孟维. 基于"全设计"理念的第三卫生间设计研究 [J]. 长春大学学报，2020，30（7）:103-107.
⑦ 无障碍设计 [EB/OL]，2020-05-21. http://baike.baidu.com/item/无障碍设计/9657172.
⑧ 郭玲. 北京城市建设的新问题——谈无障碍设计 [J]. 城市规划，1986（3）:47-49.
⑨ 金磊. 无障碍室内环境设计 [J]. 室内，1987（4）:16.

尽快制定无障碍设计规范，以便指导我国开展无障碍设计实践。

1989年，萧金明、李铭陶以中国肢体伤残康复中心的设计为例，探讨了无障碍设计的新课题[①]，就可升降大便器、伤残者专用卫生间的设计案例进行了详细介绍。

1992年，王波对图书馆无障碍设计进行了初探[②]，就图书馆内的无障碍卫生间建造与材料制作工艺进行了论述。

1997年，陈强介绍了无障碍设计的有益尝试，以广西残疾人康复职业技术培训中心设计为例，指出该培训中心各楼层公共卫生间内应配备无障碍卫生间，并提出了配置固定安全抓杆、扶手，以及具体尺寸数字需求[③]。

1999年，庄凌探讨了老年公寓居住单元设计，其认为老年人卫生间应从以人为本的设计原则出发，做到安全、方便[④]。

2003年，张蕾、张品对老年人在卫生间内活动的基本特征进行了分析，对其所需空间尺度和无障碍设施进行了研究探讨，为满足老年人独立活动提出了老年人居住空间中卫生间无障碍系统的设计方案[⑤]。

2003年，中国建筑标准设计研究院主编了《建筑无障碍设计》03J926[⑥]，详细介绍、展示了无障碍设计标志、无障碍厕所、安全抓杆等图样。

张芳燕（2005年）[⑦]、刘永翔（2007年）[⑧]、张建敏（2008年）[⑨]也分别提出了基于人机工程学的卫生间无障碍设计。并通过计算机辅助设计3Ds Max绘制了老年人理想卫生间的效果图；借助典型产品的设计实例，剖析"残障群体—残障产品—使用环境"之间的相互关系；从人机工程学的角度论述卫生间的墙、地面、门窗、排水、采光、照明、水龙头、浴盆、洗脸盆、坐便器、交通、插座安装的安全区域及其他安全设施的设计。

2009年，范文探讨了无障碍卫生间的呼叫系统设计方式[⑩]，并就卫生间内的无障碍设施、声光报警、数字编码、数字接口、总线传输等进行了详细介绍。

2010年，罗文初浅谈了残障人卫生间自动门的应用与设计[⑪]。2010年，周培以商业空间为背景，论述其卫生间无障碍设计的重要性[⑫]。

2013年，陈海燕从节约型社会的视角出发，梳理出符合老年人、残障人节约型心理的绿色无障碍卫浴产品设计理论[⑬]。同年，李高峰、段金娟、赖卿等以手动轮椅用户为例，开展了肢体障碍者无障碍卫生间设计探讨[⑭]。

---

① 萧金明，李铭陶. 无障碍设计的新课题——浅谈中国肢体伤残康复中心的设计特色 [J]. 建筑学报，1989（9）:38-43.
② 王波. 图书馆无障碍设计初探 [J]. 图书馆建设，1992（6）:60-62.
③ 陈强. 无障碍设计的有益尝试——广西残疾人康复职业技术培训中心设计 [J]. 广西土木与建筑，1997（4）:166-170.
④ 庄凌. 老年公寓居住单元设计的探讨 [J]. 武汉冶金科技大学学报（自然科学版），1999，22（3）:273-275.
⑤ 张蕾，张品. 老年人居住空间中卫生间无障碍系统设计的研究 [J]. 包装工程，2003，24（6）:94-95.
⑥ 中国建筑标准设计研究院. 国家建筑标准设计图集 建筑无障碍设计:03J926 [S]. 北京: 中国计划出版社，2003:61-71.
⑦ 张芳燕. 老年人室内卫生间无障碍设施的研究 [D]. 天津: 天津大学硕士学位论文，2005:31-40.
⑧ 刘永翔. 卫生间系统的产品残障设计研究 [J]. 工程图学学报，2007，28（1）:117-122.
⑨ 张建敏. 老年人无障碍室内设计研究 [D]. 重庆: 重庆大学硕士学位论文，2008:42-47.
⑩ 范文. 无障碍卫生间呼叫系统设计 [J]. 广州建筑，2009，37（6）:16-19.
⑪ 罗文初. 浅谈残疾人卫生间自动门的应用与设计 [J]. 门窗，2010（4）:48-50.
⑫ 周培. 试谈商业空间中卫生间的无障碍设计 [J]. 山西建筑，2010，36（23）:6-7.
⑬ 陈海燕. 无障碍卫浴产品设计研究 [D]. 天津: 天津科技大学硕士学位论文，2013:24-26.
⑭ 李高峰，段金娟，赖卿，魏晨婧. 肢体障碍者无障碍卫生间设计探讨——以手动轮椅用户为例 [C] //第七届北京国际康复论坛论文集: 下册，2012:850-857.

2017年，曾慧敏、钟青对扬州市无障碍卫生间提出了完善建议，例如设计更加人性化，建立社会监督机制，加大宣传力度来强化社会公众的无障碍意识，增大政府的人力、财力的投入，并鼓励残障人使用无障碍设施等[①]。

王意（2018年）[②]、姬幸（2019年）[③]分别通过多方位的人机工程学分析，系统性地探寻适应老年人需求的无障碍卫生间的辅助设施设计要点。

2.1.3 纵向比较结果

第三卫生间相较于无障碍卫生间的发展历史要短。通过纵向比较发现，第三卫生间最早由我国建筑设计机构于2008年提出，至今发展不过10余年。无障碍卫生间最早的学术论文于1985年发表，至今发展近40年。但无障碍设计理念的创建却可以追溯到1930年的北欧国家，至今发展90余年。

相较于无障碍卫生间，第三卫生间的研究学者要少。通过纵向比较发现，当前关注第三卫生间的研究学者不多，除了少数建筑设计机构外，只有个别高校的专家、学者。关注无障碍卫生间的研究人员较多，各类企事业单位、建筑设计机构、高等院校、科研院所、各地公益组织的专家、学者都有参与。

第三卫生间相较于无障碍卫生间的研究深度要浅。通过纵向比较发现，由于提出的时间较短，人们尚不清楚第三卫生间的真实用途，学界对其关注度不高，理论成果产出不多，目前还只是集中在用户调研、用户推广阶段。无障碍卫生间在我国已经进入较成熟的阶段，人们已经从使用层面上升到管理层面。

2.2 横向比较

主要是通过空间、功能、设施、色彩、造型、标志的比较，找寻第三卫生间与无障碍卫生间的差异。

2.2.1 空间比较

根据《城市公共厕所设计标准》CJJ 14—2016，第三卫生间与男、女卫生间并列，形成一个单独的卫生空间。国家旅游局办公室于2016年发布的《关于加快推进第三卫生间（家庭卫生间）建设的通知》（旅办发〔2016〕314号）要求，使用面积不应少于6.5m²（图2-1）。无障碍卫生间的空间大小虽无明确标准，但其从属于男、女卫生间内，内部直径不能少于轮椅旋转一周的直径（1.5m）（图2-2）。从空间比较上看，第三卫生间要比无障碍卫生间大。

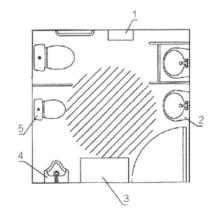

图2-1 第三卫生间平面布置图

1—可折叠的婴儿座椅；2—儿童洗手池；3—可折叠的多功能台；
4—儿童小便器；5—儿童大便器

① 曾慧敏，钟青. 扬州市无障碍卫生间的完善［J］. 中国市场，2017（16）:320-321.
② 王意. 老年人卫生间无障碍辅助设施设计研究［D］. 石家庄：河北科技大学硕士学位论文，2018:18-20.
③ 姬幸. 浅谈无障碍设计在居住空间中的应用——以老年人为例［J］. 艺术科技，2019，32（9）:196.

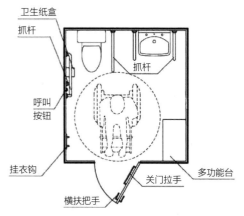

卫生纸盒
抓杆
抓杆
呼叫
按钮
挂衣钩
多功能台
横扶把手
关门拉手

图2-2　无障碍卫生间平面布置图

2.2.2　功能比较

第三卫生间的设立出发点是为老弱病残孕幼及其陪护的家人服务，提供家庭卫生间的如厕环境，例如父亲陪护幼女、母亲陪护幼男、儿子陪护妈妈、女儿陪护爸爸、爷爷陪护孙女、奶奶陪护孙子、陪护残疾家人等，这反映出其主要使用功能多达七项。无障碍卫生间的设立出发点是为老年人、残疾人、孕妇提供安心、便利的如厕环境，这反映出其主要使用功能为三项。从功能比较上看，第三卫生间比无障碍卫生间的使用功能要多（图2-3）。

★父亲陪护幼女
★母亲陪护幼男
★儿子陪护妈妈
★女儿陪护爸爸　　第三卫生间　　无障碍卫生间
★爷爷陪护孙女
★奶奶陪护孙子
★陪护残疾家人

★老年人
★残疾人
★孕妇

图2-3　功能比较图

2.2.3　设施比较

第三卫生间的卫生设施主要包含成人坐便器、成人小便池、成人洗手池、成人穿衣镜、儿童坐便器、儿童小便池、儿童洗手池、儿童穿衣镜、各类无障碍扶手及支架、婴儿护理台、陪护家属的休息座椅。无障碍卫生间的卫生设施主要包括成人坐便器、成人小便池、成人洗手池、成人穿衣镜、各类无障碍扶手及支架。从卫生设施比较上看，第三卫生间的设施要比无障碍卫生间的多（图2-4）。

2.2.4　色彩比较

由于第三卫生间也可称为家庭卫生间，其内部用色一般为家庭色调，颜色以温暖、淡雅为主。无障碍卫生间一般布置在男、女卫生间内，其色调应以公共厕所的大色调为主，不能太突出。所以，第三卫生间相比较无障碍卫生间的色彩稍显温暖、丰富一些（图2-5）。

2.2.5　造型比较

第三卫生间由于是近十年社会文明高度发展的产物，内部卫生洁具、无障碍设施、陪护设施的造型目前还没有约定俗成的形式。无障碍卫生间已经发展了三十多年，内部卫生洁具、无障碍设施的造型基本定型。所以，从造型比较上看，第三卫生间的造型相比较无障碍卫生间，还有待发展、创新、完善（图2-6）。

2.2.6　标志比较

第三卫生间的标志来源于《城市公共厕所设计标准》CJJ 14—2016，标识内容为一家三口及坐轮椅的残障者（图2-7）。无障碍卫生间的标志来源于《建筑无障碍设计》03J926，标识内容为坐轮椅的残障者（图2-8）。从两者标志比较上看，第三卫生间的标志内容更全面、更完善，这也是时代文明发展的印证。

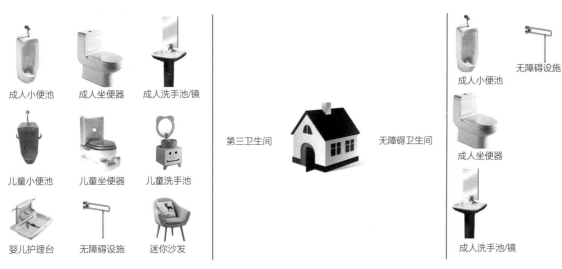

图2-4　设施比较图

图2-5　色彩比较图

图2-6　造型比较图

图2-7　第三卫生间标志

图2-8　无障碍卫生间标志

2.2.7　横向比较结果

通过一系列横向比较后，可以发现第三卫生间相比较无障碍卫生间，无论是空间、功能、设施、色彩、造型、标志等方面都要更深入、更全面一些。这也说明第三卫生间的设立是21世纪我国社会文明向前发展的印证，让生活在新时代的弱势群体及其家庭能够体会到如厕带来的快乐，也能享受到如厕带来的安全、舒适、便利。

2.3　纵、横向结合比较

抽取2008年、2015年的两个时间节点，对第三卫生间与无障碍卫生间进行纵、横向结合比较研究，可以进一步了解两者在发展中的相似与相异性，从而对其有更全面的认识。

2.3.1　2008年

2008年，第三卫生间主要还只是停留在设计指导图册中。例如，住房和城乡建设部标准定额研究所主

编的《公共厕所设计导则》RISN-TG004—2008，中国建筑标准设计研究院主编的《城市独立式公共厕所》07J920，都对第三卫生间有详细的图纸介绍。同年，无障碍卫生间则已经被国家做成样本实例，开始服务社会。例如，我国第一栋专门为中国残疾人事业建设的国家机关办公楼于2008年落成，同时也是2008年北京残奥会的指挥中心[①]。该办公大楼的每个卫生间都按照无障碍要求，各楼层内公共卫生间均设无障碍厕位，每个马桶的蹲位设置都很低，在五层的领导办公室和贵宾接待室旁还设置有无障碍专用卫生间。

2.3.2　2015年

2015年，在"厕所革命"的背景下，在江苏省南京市夫子庙景区新建及改建6座第三卫生间，作为试点面向社会大众开放。里面设有婴儿护理台、婴儿安全椅、幼儿坐便器、智能坐便器、无障碍设施、防滑地板等各种人性化设施。同时，还有供行动不便游客使用的无障碍坐便器、无障碍洗手台，以及紧急呼叫系统，充分展现出对如厕者的人文关怀。同年，无障碍卫生间已在全国各大城市普及。例如，北京泰康之家——燕园的老年社区公寓进行优化设计后，其无障

---

① 李爱国. 青瓦红砖下的无障碍体验——记我国首座无障碍办公大楼 [J]. 中国建设信息，2008（11）:64-65.

碍卫生间的地面采用防滑的地砖；墙面安装有紧急呼叫按钮，而且配有拉绳，如果老人摔倒来不及按按钮，可以拉绳子进行紧急呼叫；安装有智能坐便器，方便老年人便后使用；同时还配置了防滑座椅和扶手，并且使用树脂类的材料以便提高握扶手感[①]。

2.3.3 纵、横向结合比较结果

通过2008年相关措施的纵横向结合比较，可以看到我国第三卫生间起步较晚，在绘制其设计图纸时，无障碍卫生间已经建成实物，并作为国家机关办公大楼的重要组成部分，通过北京残奥会面向世界展示。可以看到在那个年代，我国对无障碍设施的重视，对老年人、残障人、孕妇等群体的关爱。

通过2015年相关措施的纵横向结合比较，可以看到第三卫生间与无障碍卫生间有一些相同之处。例如：智能坐便器、防滑地板、无障碍设施、紧急呼叫系统等方面有相同之处。但第三卫生间相比较无障碍卫生间还多出一些设施，例如：婴儿护理台、婴儿安全椅、幼儿坐便器等，这也说明第三卫生间的使用范围要比无障碍卫生间更宽泛，更加注重人们出行的细致化服务需求。2015年，为引入公共厕所设计的新理念，进一步提升我国公共厕所的设计、建设水平，国家旅游局提出了"旅游要发展、厕所要革命"的主旨思想。在此背景下，推进第三卫生间的建设，也体现了国家对百姓民生、城乡文明的高度关切，彰显了从小处着眼、从实处入手的务实作风。

通过开展第三卫生间与无障碍卫生间的比较研究，可以发现我国社会文明向前发展的轨迹，公共卫生服务设施正在悄然发生变化，由功能单一型转为功能多样型，由关爱老年人、残障人士到关爱弱势群体及其家庭，这是满足新时代人们出行需求的真实写照，也是关爱弱势群体、维护家庭亲情的重要体现。

---

① 乔岩. 老年公寓优化设计研究——以北京地区老年公寓为例［D］. 北京：北京建筑大学硕士学位论文，2015:52-53.

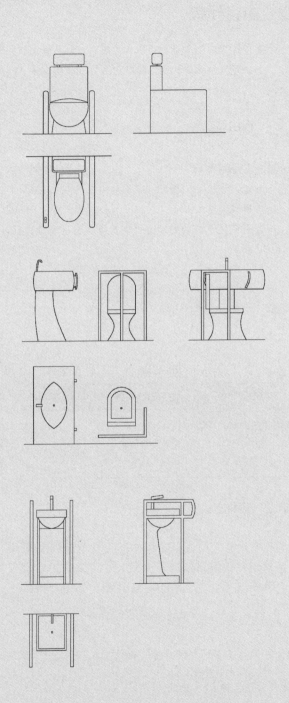

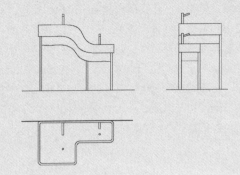

第 3 章

第三卫生间、母婴室、
化妆间的比较研究

在"厕所革命"不断深入发展的背景下，正确使用第三卫生间、母婴间、化妆间就显得极为重要。第三卫生间、母婴间、化妆间在使用的用户、空间、功能、设施、色彩、标志、造型、所处场所等方面都存在一定差异性。三种卫生空间各有千秋，共同丰富了现代公共空间。通过横向比较研究法[①]，将第三卫生间、母婴间、化妆间进行比较，可以进一步了解三者在发展中的异同，也可以促进社会大众对其进行更全面的认识，为今后的出行提供便利。

3.1　名称解释

第三卫生间也可叫作家庭卫生间，是指现代公共厕所中，除开男厕所、女厕所以外的公共厕所空间。其内部卫生空间为单独设置，方便爷爷或爸爸带女孩如厕，奶奶或妈妈带男孩如厕，以及儿子陪护年迈母亲如厕，女儿陪护年迈父亲如厕，陪伴家庭成员的残疾人士如厕的卫生空间。

母婴室主要是给哺乳期女性，为婴幼儿提供喂养、护理的空间。目前在各大商场、交通客站、公园景区、写字办公楼等人流密集区域都可以见到单独设立的母婴室，方便带婴幼儿外出的母亲使用。

化妆间主要是给成年女性使用的外形美化空间，也包含少数爱美男性。爱美之心，人皆有之。随着人们的生活水平不断提升，作为新时代女性梳妆打扮的重要场所，无论是在办公写字楼，还是在公园景区，化妆间都是十分重要的。

3.2　内容比较

主要通过用户、空间、功能、设施、色彩、标志、造型、所处场所的内容比较，将第三卫生间、母婴室、化妆间进行全面分析。

3.2.1　用户比较

第三卫生间使用用户为弱势人群及其陪护的家属。包含：婴幼儿、儿童、老年人、残疾人、孕妇、成年人（陪护家庭成员）。

母婴室使用用户为婴幼儿、哺乳期女性、带婴幼儿的其他家长。

化妆间使用用户为成年女性、少数成年男性。

通过用户比较，可以发现，第三卫生间的用户范围较广，化妆间的用户范围中等，母婴室用户的范围较小（表3-1）。

用户比较		表 3-1
第三卫生间使用用户	母婴室使用用户	化妆间使用用户
婴幼儿、儿童、老年人、残疾人、孕妇、成年人（陪护家庭成员）	婴幼儿、哺乳期女性、带婴幼儿的其他家长	成年女性、少数成年男性

3.2.2　空间比较

第三卫生间的使用空间根据国家旅游局发布的《关于加快推进第三卫生间（家庭卫生间）建设的通知》（旅办发［2016］314号）[②]，其使用面

---

① 横向比较法是将同一水平横断面上的不同事物，按照某个同一性的标准进行比较的方法。例如，将同是第三世界国家、同是亚洲国家、同是大国的中国与印度，作政治、经济、科学文化的比较，就是横向的比较。

② 国家旅游局. 关于加快推进第三卫生间（家庭卫生间）建设的通知（旅办发［2016］314号）［S］. 2016.

积不应少于6.5m²。根据住房和城乡建设部发布的《城市公共厕所设计标准》CJJ 14—2016[1]，其与男卫生间、女卫生间并列，形成一个单独的卫生空间。

2013年5月14日，联合国儿童基金会驻中国办事处进行的改进和整修母乳喂养室挂牌活动中，将母婴室的使用空间命名为"母爱10m²"母乳喂养室，用于支持在产假结束后重返工作岗位的女性员工，随后联合国儿童基金会与中国疾病预防控制中心妇幼保健中心联合发起了"母爱10m²"活动，倡议更多机构和企业以及公共场所设立母乳喂养室，为选择母乳喂养的母亲提供支持[2]。所以，10m²的母婴室空间，在当前得到社会大众的广泛认可。

化妆间的使用空间目前没有严格意义上的规定，可根据所处环境场所、人流量大小以及其他实际情况来进行空间布置，也可根据大多数女性用户的化妆习惯进行空间布置。

通过空间比较，可以发现母婴室的使用空间较大，第三卫生间的使用空间中等，化妆间的使用空间待定（图3-1）。

3.2.3 功能比较

第三卫生间的功能为满足人们的生理需求，为人们如厕提供便利条件，满足弱势人群及其陪护家属的如厕需求，还兼顾家属的陪护需求。

母婴室的功能为母乳喂养，婴幼儿奶粉喂养，婴幼儿更换尿布，婴幼儿玩乐。

化妆间的功能为运用化妆品和化妆工具，对人的五官及身体其他部位进行妆扮，从而达到视觉美化效果，同时还能兼顾整理仪表仪态。

通过功能比较，可以发现，三者使用功能各不相同。第三卫生间的主要功能为满足人们的如厕生理需

第三卫生间平面图

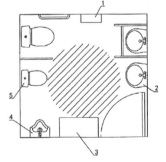

1—可折叠的婴儿座椅　2—儿童洗手池
3—可折叠的多功能台　4—儿童小便器
5—儿童大便器

母婴室平面图

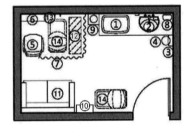

①婴儿打理台　②洗手池　③纸巾盒或干手器　④垃圾桶　⑤座椅
⑥桌子或置物架　⑦帘布　⑧温奶器　⑨饮水机　⑩儿童安全座椅
⑪沙发　⑫行李位　⑬衣帽钩　⑭婴儿车位

化妆间平面图

图3-1　空间比较

① 中华人民共和国住房和城乡建设部. 城市公共厕所设计标准：CJJ 14—2016［S］. 北京：中国建筑工业出版社，2016.
② 蒲文娟. 商业空间中母婴室的调研分析及设计建议［J］. 建筑学报，2016（10）:78-82.

求，母婴室的主要功能为满足婴幼儿喂养及护理需求。化妆间的主要功能为满足人们的视觉美化妆扮需求（表3-2）。

功能比较　　　　　　　　　　表3-2

第三卫生间的功能	母婴室的功能	化妆间的功能
为弱势人群及其陪护家属的如厕提供便利条件，家属陪护	母乳喂养，婴幼儿奶粉喂养，婴幼儿更换尿布，婴幼儿玩乐	化妆，整理仪表仪态

3.2.4　设施比较

第三卫生间设施包含：自动饮水机、绿化植栽、烘手机、擦手纸盒、无障碍洗手池、洗手液、婴儿安全座椅、无障碍小便池、废纸篓、无障碍坐便器、卫生卷纸、遮挡帘、迷你沙发、紧急呼叫器、卫生纸盒、儿童坐便器、儿童小便池、儿童洗手池、儿童洗手液、婴儿床、挂衣钩、机械送排风系统、空调（为弱势人群提供22~26℃恒温）等。

母婴室设施包含：开水壶、微波炉、毛巾架、哺乳沙发、茶几、洗漱台、纸巾、消毒洗手液、护理台、垃圾桶、饮水机、恒温奶器、母婴用品自助售卖机、婴幼儿玩具、帘子、机械送排风系统（不应与卫生间的送排风系统混用）、空调（为婴幼儿提供22~26℃恒温）等。

化妆间设施包含：化妆镜、梳妆台、3~4人坐位化妆凳、电吹风、化妆用品自助售卖机、机械送排风系统等。

通过设施比较，可以发现，第三卫生间的设施较多、涵盖面较广，母婴室的设施中等、涵盖面适中，化妆间的设施较少，涵盖面较小。见表3-3。

3.2.5　色彩比较

第三卫生间的色彩应为温馨色调。因为第三卫生间又称为家庭卫生间，所以家庭般的温馨色调最适合作为其室内装饰色彩。

母婴室的色彩应为暖色调。这是由于婴幼儿在0~1岁期间，眼睛刚刚处于发育阶段，外部强烈的色彩会刺激孩子们的眼睛生长发育，同时带来负面情绪的影响，所以暖色调最适合作为母婴室内装饰色彩。

化妆间的色彩应为明亮色调。一个明亮清新的环境氛围，才能让用户安心化妆，美化自身形象，所以明亮清新色调最适合作为化妆间室内装饰色彩。

通过色彩比较，可以发现，三者色彩相似，都是

设施比较　　　　　　　　　　表3-3

第三卫生间设施	母婴室设施	化妆间设施
自动饮水机、绿化植栽、烘手机、擦手纸盒、无障碍洗手池、洗手液、婴儿安全座椅、无障碍小便池、废纸篓、无障碍坐便器、卫生卷纸、遮挡帘、迷你沙发、紧急呼叫器、卫生纸盒、儿童坐便器、儿童小便池、儿童洗手池、儿童洗手液、婴儿床、挂衣钩、机械送排风系统、空调等	开水壶、微波炉、毛巾架、哺乳沙发、茶几、洗漱台、纸巾、消毒洗手液、护理台、垃圾桶、饮水机、恒温奶器、母婴用品自助售卖机、婴幼儿玩具、帘子、机械送排风系统、空调等	化妆镜、梳妆台、3~4人坐位化妆凳、电吹风、化妆用品自助售卖机、机械送排风系统等

爱意浓浓，春风和煦，透彻清亮，温暖而有力量的色彩效果（表3-4）。

网络文献查询，选取觅元素网站上的女性化妆间标志[2]作对比参考，标识内容为年轻女性手拿口红。

通过标志比较，可以发现，三者标识内容都醒目、直观、易懂，虽然都是以人物为主体，但每个标识的人物姿态不同，每个标识都能准确展示出自身标识内容（图3-2）。

色彩比较		表 3-4
第三卫生间色彩	母婴室色彩	化妆间色彩
温馨家庭色调（柠檬黄、琥珀黄、陶土色、淡红色、淡粉色、淡蓝色、白色等）	暖色调（淡红色、淡橙色、淡黄色、淡粉色、淡紫色、淡绿色等）	明亮色调（白色、淡灰色等）

3.2.6 标志比较

第三卫生间的标志来源于《城市公共厕所设计标准》CJJ 14—2016，标识内容为一家三口及坐轮椅的残障者。

母婴室的标志来源《公共厕所规划和设计标准》DG/TJ08-401—2016 J11049—2017[1]，标识内容为母亲将婴幼儿放到婴儿护理台上。

化妆间的标志目前没有统一标准，研究人员通过

3.2.7 造型比较

第三卫生间的造型主要以各类卫生洁具造型为中心，相比较传统男女卫生间的卫生洁具，第三卫生间的卫生洁具造型应更人性化、细致化、多样化，倡导人文关怀，开展其造型设计。

母婴室的造型主要以关爱哺乳期女性、关爱婴幼儿健康成长为中心，整体造型设计也应体现人文关怀性。

化妆间的造型主要以化妆为中心，整体造型应简约时尚。

通过造型比较，可以发现，三者造型中第三卫生间、母婴室都是基于人文关怀，而化妆间的造型是基于化妆的功能性（表3-5）。

第三卫生间标志　　　　　母婴室标志　　　　　化妆间标志

图3-2　标志比较

---

① 上海市环境工程设计科学研究院有限公司，上海市公共厕所协会. 公共厕所规划和设计标准DG/TJ08—401—2016 J11049—2017［S］. 上海: 同济大学出版社，2017:33.
② 觅元素网站. https://www.51yuansu.com/

造型比较		表3-5
第三卫生间造型	母婴室造型	化妆间造型
以基于人文关怀的各类卫生洁具造型为中心	以关爱哺乳期女性、关爱婴幼儿健康成长为中心	以化妆功能为中心

3.2.8 所处场所比较

第三卫生间的使用场所为二类以上公共厕所、医疗机构、公共交通运输场所、文体广场、政务中心、公园景区、商业机构等。

母婴室的使用场所为一类以上公共厕所、医疗机构、公共交通运输场所、文体广场、政务中心、公园景区、商业机构、办公写字楼等。

化妆间的使用场所在一类以上公共厕所、地铁站、高铁站、飞机场、商业机构、办公写字楼等。

通过场所比较，可以发现，三者的使用区域十分广阔，同时也都是人流密集区，但三者都可以在一类公共厕所①中汇集（表3-6）。

所处场所比较		表3-6
第三卫生间	母婴室	化妆间
二类以上公共厕所、医疗机构、公共交通运输场所、文体广场、政务中心、公园景区、商业机构等	一类以上公共厕所、医疗机构、公共交通运输场所、文体广场、政务中心、公园景区、商业机构、办公写字楼等	一类以上公共厕所、地铁站、高铁站、飞机场、商业机构、办公写字楼等

3.3 比较意义

通过将第三卫生间、母婴室、化妆间进行全面横向比较，可以梳理出事物新生性、科技艺术性、文明进步性、分工明确性等特性。

3.3.1 事物新生性

事物新生性主要体现在符合事物自身发展规律，是具有强大生命力和远大发展前景的新事物。进入21世纪20年代以来，各类新生事物如雨后春笋般涌现出来。第三卫生间、母婴室、化妆间都是这一时期涌现出的新生事物。

通过以上全面比较分析可以看到，第三卫生间在形式上比传统男、女卫生间更丰富。母婴室在形态上比旧母乳喂养室更高级。化妆间在建造结构上比旧化妆室更合理。第三卫生间在功能上比传统男、女公共卫生间更强大，具有传统男、女卫生间不可比拟的优越性和强大的生命力。所以，新生事物的产生，老旧事物的灭亡，都是大自然不可抗拒的规律。随着时间的推移，第三卫生间、母婴室、化妆间等新生事物必定会取代老旧事物，为现代都市生活的人们提供更多出行便利。

3.3.2 科技艺术性

人类文明的每一次提升，都离不开科技进步。第三卫生间、母婴室、化妆间的设计建造，管理维护，都是现代科技进步的体现。例如三者的设施、功能都是科技性代表。通过以上全面比较分析可以看到，在科技向前发展的背景下，第三卫生间、母婴室、化妆

---

① 中国建筑标准设计研究院. 城市独立式公共厕所: 07J920［S］. 北京: 中国计划出版社, 2008:7-20.

间的设施，都较完善。例如第三卫生间的设施多达20余种，方便各类人士如厕使用。母婴室的设施也多达10余种，方便婴幼儿及其家长使用。化妆间的设施也有6种，方便化妆人士使用。同时三者的功能都比较丰富。第三卫生间能够满足全部人士的如厕需求。母婴室在兼顾为婴幼儿喂养，婴幼儿更换尿布的同时，还能满足婴幼儿玩乐需求[①]。化妆间能够满足人们化妆的同时，还能整理衣装。

艺术性也在第三卫生间、母婴室、化妆间的设计建造中得以完美体现。例如标志、色彩都是代表。例如第三卫生间、母婴室、化妆间的标志内容都是采用艺术手法进行创作，最终达到醒目、直观、易懂的标识效果。同时，三者的色彩也是采用爱意浓浓、春风和煦、透彻清亮、温暖而有力量的色调进行表现。

3.3.3 文明进步性

文明，相对于野蛮，是反映人类生存方式改善和进步的最高范畴，标志着人在物质和精神两方面都得到了本质价值的发展[②]。第三卫生间、母婴室、化妆间的文明属性就在于它们的出现和发展，反映了人类生活方式的提升水准。随着人类文明的进步，第三卫生间、母婴室、化妆间也必将不断更新完善，体现出现代文明的发展水平。

进入21世纪20年代以来，我国更加强调社会文明的进步性。第三卫生间、母婴室、化妆间等公共卫生设施的设立，已经成为现代城市文明形象的重要窗口之一，是现代城市经济发展水平和城市居民生活质量提升的重要标志，体现着现代城市物质文明和精神文明的发展水平，显示着华夏民族的文明素质。通过对第三卫生间、母婴室、化妆间的全面比较分析，进一步提升社会大众对其的接受度、认可度、使用度。这也将彻底提升我国公共卫生设施设计建造水准，由原先的简陋、脏、乱、臭等不良面貌，改变为文明、干净、整洁、舒适等良好环境。

3.3.4 分工明确性

今天，随着厕所革命的不断深化推进，我国的公共卫生设施的设计建造水准也已大大提升，人们的个人卫生需求正不断多样化、精细化。第三卫生间、母婴室、化妆间的涌现正是当前个人卫生需求的真实写照。

通过以上全面比较分析，可以看到，第三卫生间的功能主要是满足陪伴异性家属如厕需求，包括陪伴老年人、残疾人、婴幼儿、儿童、孕妇的如厕需求，也包括其他成年人的如厕需求。母婴室的功能主要是满足婴幼儿喂养、婴幼儿护理的需求，因为婴幼儿在进食过程中对于空间环境、卫生条件有更高的要求，所以不能与普通公共卫生间混为一谈。化妆间功能主要是满足成年人的外形视觉美化需求，依据我国当前国情也不能与普通公共卫生间混淆。

所以，第三卫生间、母婴室、化妆间的设立，正是社会文明进步的标志，也是社会环境进一步分工明确的直观代表。

第三卫生间、母婴室、化妆间作为新时代出现的新生事物，虽然小众，但能够满足特殊人群的使用需求。同时，基于厕所革命的背景，在一类公共厕所中，可以分开设置，布置在男女卫生间的旁边，满足人们的出行需求。

---

① 高忠萩，陈净莲. 基于用户行为的母婴室设计研究［J］. 设计，2021（21）:131-133.
② 胥传阳，顾承华. 公厕管理概论［M］. 上海：同济大学出版社，2005:3-4.

随着城市文明的不断进步，人民生活水平的不断提升，城市公共卫生设施也正在不断改造升级，以此来满足人们不断增长的生活需求。研究人员通过对第三卫生间、母婴室、化妆间的比较研究，将三者进行全面对比分析，有助于人们对其有更全面、深入、正确的认识，并进一步提升人们对三者的认可度、接受度、使用度。

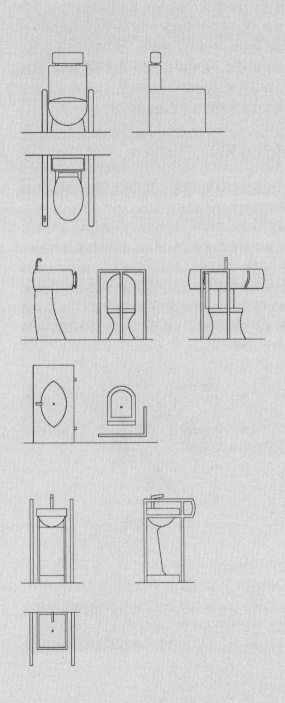

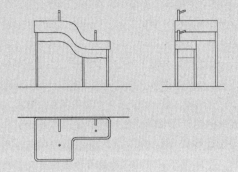

第 4 章

第三卫生间的创意
标志设计

基于案例分析的视角，探索第三卫生间的标志设计方式。通过分析第三卫生间标志设计的常规型、人字型、Y字型、房屋型、圆圈型、字母型、稳重型、彩带型、树叶型等案例，对第三卫生间标志设计的特点进行了归纳总结，从快速识别、正确认识、趣味审美、社会进步、人文关怀等方面，提出了构建第三卫生间的标志设计方法。当前开展第三卫生间的标志设计探索也是为了顺应时代发展，进一步完善人们的生活出行需求。

本章从第三卫生间的常规标志设计案例分析和优化标志设计案例分析出发，探讨第三卫生间的标志设计手法，丰富第三卫生间的标志设计表现形式，加强社会大众对第三卫生间的认可度、接纳度、满意度。

4.1 常规型标志设计

当前社会上普遍使用的第三卫生间标志，主要采用黑白色，以及一家三口和残疾人的组合图形。该标志设计造型比较简洁、直观（图4-1）。

图4-1 常规型

4.2 优化型标志设计

由于常规型第三卫生间的标志设计形式较单一，

审美感较弱，所以有必要进行第三卫生间的标志优化设计探索[1]。本次进行的第三卫生间标志设计主要有人字型、Y字型、房屋型、圆圈型、字母型、稳重型、彩带型、树叶型。案例基本上都采用形象图案的设计形式，形象图案的表现形式可以不受语言的制约，通过图案就能直观地将信息传达给使用者。

4.2.1 人字型

此标志以简单的蓝白色调搭配，不仅轻快明亮方便识别，而且天蓝色更加符合儿童心理色彩的设计。标志的设计简约而不简单，表达的内容丰富饱满。能轻松分辨出图中包含的男性、女性、儿童和残障人士的图案。此标志中的图案设计也向人们表达了一个男女老少相结合的一个大家庭，告诉人们第三卫生间的设计犹如在家一般的感觉，为人们提供舒适、便捷的服务。解决各类特殊人群的如厕需求，帮助他们减少生活中如厕的烦恼与尴尬（图4-2）。

图4-2 人字型

4.2.2 Y字型

此标志设计采用了红白二色为主的搭配，使标志的色彩碰撞给予人强烈的视觉冲击，让人们在公共区域中能够快速识别，减少苦于寻找带来的烦恼。标志

---

① 刘志明，王彦庆. 厕所革命［M］. 北京：中国社会科学出版社，2018:11-20.

整体的形状设计更倾向于一个温馨的小屋，屋内的轮椅形状代表腿脚行动不便的残障人士，在屋内可以感受到就像在自己的家中一样便捷，感受到家的温馨。屋顶上的两个大点和一个小点分别代表着孕妇、学龄前儿童和婴儿。屋顶中间的Y就如一双温暖的手小心翼翼地捧着、呵护着婴儿。房顶两边伸展出的屋檐，并没有像我们见到的屋檐一样向下倾斜，而是向上翘起，它代表着世界、代表着社会伸出的双臂拥护着他们，感受到这个世界、这个社会对他们无微不至的关爱与关怀，带给他们家一样的温暖（图4-3）。

图4-4　房屋型

4.2.4　圆圈型

此标志由红黄蓝三原色构成三个手牵手的人物，围成一个圆圈，中间是坐轮椅的行动障碍者。整个标志图形简洁大方，色彩的运用使其极具辨识度，让人印象深刻，同时色彩的碰撞让人视线跳跃，尽显活力。其中：男性为蓝色，女性为红色，儿童为黄色，不同的颜色代表不同的人士，三原色的构成体现出第三卫生间的各类使用者，黑色的行动障碍者在整个图形中心的位置，这是重点突出表现被关爱的目标对象，圆形的手牵手布局，表达出家庭生活中的圆圆满满，友爱互助，共同维护行动障碍者的精神面貌，更加深刻体现第三卫生间的作用与意义（图4-5）。

图4-3　Y字型

4.2.3　房屋型

此标志设计用白底绿图，绿色给人一种和谐感，彰显出安全、准确、便捷的标识形象。以绿色的整体房屋形状和多个大小完整度都不同的圆形组成，圆形单形群化的方式弥补了单形圆较为单调、空洞的外形，同时充分发挥圆形的自然形态，将多个圆自然地相扣起来，以大小不同的圆重复出现，形成家庭各成员和坐轮椅的行动障碍者，使标志图形既饱满又富有变化，产生很好的视觉效果。环环相扣的图形表现形式又赋予标志更多的内在含义，表达出对行为障碍者或协助行动不能自理的家庭亲人之间团结、互助、紧密联系等情感诉求（图4-4）。

图4-5　圆圈型

4.2.5　字母型

此标志设计采用缩写的英文字母"第三"，视觉冲击力较强，图形要素统一，符号化的设计风格，十分方便人们识别。同时，标志图案的白色空隙形状有粗边有细线，整体像儿时记忆的俄罗斯方块游戏，方块与方块间的叠加融合，就像是家庭中的亲情关系一样融合，互相帮助、互相扶持，关怀着每一位家庭成员，让整个标志设计在简单中，变得更有生机、更有人情味，为环境服务，与环境协调统一，形成良性的互补与互动（图4-6）。

图4-7 稳重型

4.2.7 彩带型

此标志使用了白色为底，分布有红、黄、蓝、绿四种颜色的彩带。蓝色代表男人的清爽、冷静，黄色代表孩童的温和、顽皮，红色代表女人的热情、贤惠，绿色代表行动障碍者的和谐、安全。彩带形状分布方式形成了一个漩涡状，把四种颜色牵引融合到一起，使标志图形饱满，产生了很好的视觉效果。同时也扣中了主题，表达出社会各界对行动障碍者或者协助生活不能自理的亲人家庭之间的团结、互助等情感的理解和包容。流线型的丝带形象表达出了对特殊群体的温柔、细心呵护，给人极强的亲和力（图4-8）。

图4-6 字母型

4.2.6 稳重型

此标志的设计主要运用了稳重的灰白冷色调，简单的色彩搭配让人觉得很放松。标志是以家庭的温馨为主题设计，成员中的爸爸妈妈手拉着小朋友一起，围绕着行动不便的爷爷奶奶、残障人士，一家人其乐融融。标识的设计体现了满足在外出时家庭群体如厕需求，解决了家庭中特殊对象如厕不便利的问题，人性化的关怀，社会的友爱，城市的关注，折射出社会文明进步的程度。该标识设计跨越了语言和文化的障碍，具有国际性，通俗易懂，让人们能快速找到第三卫生间，解决了如厕不便利的麻烦，让"方便"事更方便。一个标志往往是一个时代的符号，一个时代的缩影，此标志的设计体现了第三卫生间的温暖（图4-7）。

图4-8 彩带型

4.2.8 树叶型

此标志设计在视觉效果上使用了大自然中最常见的绿色树叶，绿色树叶本身就具备生命、健康、成长、舒适等寓意，具有良好的视觉效果。整个标志图形由两部分组合而成，标志图形的上方以三片树叶按大小依次排列，来表现爸爸、妈妈和小孩，标志图形的下方为行动障碍的人士。整个标志简洁明了，使人们能够快速、正确地寻找到第三卫生间所处位置（图4-9）。

图4-9 树叶型

4.3 视觉标志设计的意义

第三卫生间标志是一个具有家庭温暖、关爱老年人、关爱残疾人、关爱儿童等作用的特征记号，是人文关怀精神的象征，也是我国社会文明发展到一定高度的体现。因为第三卫生间标志折射出的是一种家庭的温暖感和对弱势群体进行帮扶的抽象视觉形象。当前，开展第三卫生间的视觉标识设计更是城市现代化建设的必然要求，是社会文明进步的象征。

4.3.1 快速识别的体现

第三卫生间标志设计的首要目的，就是指引弱势群体在最短的时间内通过标志找到属于自身的厕所，这一过程可以分为视觉读取、大脑识别、大脑判断、身体反应。从快速识别的角度出发，这些步骤压缩得越短，第三卫生间标志设计得就越成功[1]。通过以上案例设计分析可以看到，在当前快节奏的生活环境下，人们需要直观、简洁、明快的第三卫生间标志设计造型以方便尽快识别。

4.3.2 正确识别的体现

第三卫生间标志是特定作用范围的标志，其通过视觉传达的信息必须准确无误，否则会对人们造成极大的困扰。首先，它要有别于传统男、女卫生间的标志，它主要是为家庭中的老年人、儿童、残疾人士服务的，同时具有促进家人间感情升温的作用，所以在第三卫生间标志设计中应增加这部分图案，使其区别于男、女卫生间的标志。其次，它又要具有较强的直观性，能够反映出第三卫生间最直接的使用功能[2]。

4.3.3 趣味审美的体现

随着审美文化的不断发展，第三卫生间标志在规范化的基础上又加入了许多有趣味、创意的想法，更多生动、有趣、艺术化的第三卫生间标志出现在公共场所里，使得人们在读取标志必要信息的同时，又享受到视觉上的美感[3]。这些标志也不再显得格格不入，而是富有自身的情感，与相对的厕所空间融为一体。通过对以上标志设计案例的分析，可以发现其具有丰富的想象力和不俗的审美力，将更多有趣、唯美的因素添加到第三卫生间标志设计中，使识别标志的人们既可以读取必要的信息，又能在视觉感官上得到美的享受。

① 俞晨泓. 浅谈厕所标志的视觉传达效应和文化 [J]. 大众文艺，2012（22）:84.
② 张雨晴，王娜娜，张健健. 公共空间中的卫生间标识设计浅析 [J]. 艺术科技，2019（2）:213，241.
③ 陈竑，孙庆慧. 公共卫生间标识系统设计的现状与应用及教学思考 [J]. 景德镇学报，2015（3）:27-29，55.

4.3.4　社会进步的体现

第三卫生间的设立就是这个时代进步的体现，开展第三卫生间的标志设计也是这个时代进步的需求。公共厕所的视觉标志已经由当年的红油漆写着"男卫生间""女卫生间"的文字，变成了现在有统一规范的标志。在目前更注重文明社会发展的背景下，又多了第三卫生间的标志，这有利于从小就培养儿童良好的如厕习惯，也有利于老年人有一个便利如厕的环境，更有利于残疾人有一个放心的如厕空间，这都为我国社会文明的快速发展提供了有力保障。

4.3.5　人文关怀的体现

第三卫生间的设立是人文关怀的标尺，当前一座城市的文明程度，不在于拥有众多华丽的高楼大厦，而在于城市内部的公共设施是否能给予人们带来温暖。从以上第三卫生间标志设计案例分析中，可以感受到浓浓的家庭温暖，以及对残疾人士的关爱气息。通过进一步优化第三卫生间标志设计，从而使得厕所标志设计更加深刻、直观，也更能够打造高品质生活下的多样化如厕需求，对弱势群体的关爱也体现了社会的人文关怀和正能量。

第三卫生间的创意标志属于标志的一种表现形式，主要适用于公共卫生行业的视觉传达。将直观、易懂的图像内容与文字内容通过标志传递出来，方便人们进行快速寻找，并进行正确使用。

标志，亦作标识，是表明事物特征的记号。标志的来历，可以追溯到上古时代的"图腾"。那时每个氏族和部落都选用一种认为与自己有特别神秘关系的动物或自然物象作为本氏族或部落的特殊标记（即称之为图腾）。如女娲氏族以蛇为图腾，夏禹的祖先以黄熊为图腾，还有的以太阳、月亮、乌鸦为图腾。最初人们将图腾刻在居住的洞穴和劳动工具上，后来就作为

战争和祭祀的标志，成为族旗、族徽。国家产生以后，又演变成国旗、国徽。

古代人们在生产劳动和社会生活中为方便联系、标示意义、区别事物的种类特征和归属的过程中，不断创造和广泛使用各种类型的标记，如路标、村标、碑碣、印信纹章等，从广义上说，这些都是标志。中国自有作坊店铺，就伴有招牌、幌子等标志。在唐代制造的纸张已有暗纹标志。到宋代，商标的使用已相当普遍。如当时济南专造细针的刘家针铺，就在商品包装上印有兔的图形和"认门前白兔儿为记"字样的商标。

直至21世纪，公共标志、国际化标志开始在世界范围内普及。随着社会经济、政治、科技、文化的飞跃发展，现在经过精心设计从而具有高度实用性和艺术性的标志，已被广泛应用于社会各领域，对人类社会的发展与进步发挥着巨大的作用。标志以单纯、显著、易识别的物象、图形、文字符号或色彩为直观语言，除标示什么、代替什么之外，还具有表达意义、情感和指令行动等作用。标志作为人类直观联系的特殊方式，不但在社会活动与生产活动中无处不在，而且对于国家、社会集团乃至个人的根本利益也越来越显示其极重要的独特功用[①]。例如，第三卫生间标志作为第三卫生间的视觉信息传送最有效的手段之一，具有任何语言和文字都难以确切表达的特殊意义，成为人类共通的一种直观联系工具。

随着时间的流逝，人们总会经历由成长到衰老，从呱呱落地至耄耋之年。如何有效解决婴儿面对陌生环境的不熟悉、妇女生理期如厕烦躁、老年人如厕不便、残疾人士如厕需人帮助等问题，这便是第三卫生间的职能所在。当前，开展第三卫生间的标志设计体现了人们对舒适生活方式的向往与追求，第三卫生间的标志设计足以代表一座现代化城市的生活水准与形象，并能具体地呈现出市民大众的生活品质。通过对第三卫生间标志设计案例的分析，能够帮助人们在快速、正确的认知基础上，提升审美性，这也是社会进步、人文关怀的真实写照。

---

① 关仁康. 浅谈标志设计［J］. 四川理工学院学报（社会科学版），2004（9）:94-96.

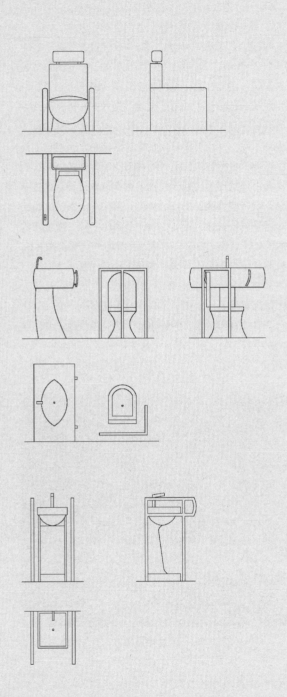

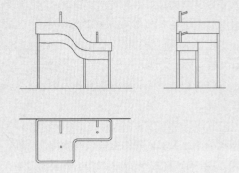

第 5 章

第三卫生间的创意
墙贴设计

在"厕所革命"发展背景下，采取走访调研的方式，对上海、武汉、贵阳三地的第三卫生间进行实地考察。选取建筑墙贴、电影墙贴、动物墙贴、植物墙贴、地方特色墙贴等创意墙贴案例进行分析，从理论角度梳理出功能性、装饰性、文化性、低成本性等墙贴设计特性，期望能够为今后第三卫生间营造出轻松、和谐、温馨的如厕氛围，进一步提升人们的如厕满意度提供借鉴。

当前我国的第三卫生间发展还处于起步阶段，各地区新建的第三卫生间室内空间氛围冰冷、生硬，不够温馨[①]。所以，开展一些创意墙贴设计能够改善室内氛围，协调好人与室内空间的相互关系。

墙贴也称即时贴，是已经设计制作好的不干胶贴纸，起到提示、指引、宣传、环境氛围塑造等作用。通常贴在墙面、柜体、玻璃、瓷砖等界面上，具有简洁、环保、经济以及美化环境的装饰效果。墙贴施工便捷，通过局部装饰点缀便可改变室内空间氛围。

通过对上海、武汉、贵阳三地第三卫生间的实地走访，选取一些具备创意的墙贴设计案例进行深入分析，以期为今后第三卫生间的墙贴设计、选取以及空间营造提供有益参考建议。

5.1 第三卫生间创意墙贴设计案例分析

5.1.1 建筑创意墙贴

位于上海市人民广场武胜路上的第三卫生间，其创意墙贴主要是使用现代建筑装饰图案，来美化内部空间。该建筑创意墙贴采用简化的建筑图案来构图，其图案主要为上海黄浦江两岸的标志性建筑群，标志性建筑

是了解一座城市的窗口。该墙贴中选取的建筑，有东方明珠广播电视塔、金茂大厦、上海环球金融中心、上海汇丰银行、上海海关大楼……既有现代摩天大楼，也有20世纪30年代传承下来的受到西方文化影响而形成的旧式建筑，它们都是上海的象征。现代摩天大楼是上海作为现代化国际性大都市的代表，老式建筑则是上海发展历程的见证，更是上海这座国际性百年港口城市辉煌过往的写照。这组上海标志性建筑群墙贴，在丰富上海人民广场武胜路的第三卫生间内部空间装饰的同时，也传递了上海的历史、现代化发展程度、城市国际地位等信息，给来使用此卫生间的当地人带来一份在该城市工作、居住的自豪感，给外地人一个集中了解上海城市特征的窗口。这样一组建筑墙贴已不再是一个简单的图案，更重要的是向使用者展现了城市的一个缩影（图5-1）。上海是中国经济发达的国际性都市，城市现代化程度高，城区黄浦江两岸集中了众多标志性建筑。当然，还有一些其他经典建筑，共同构成了这组现代建筑装饰图案，来丰富上海人民广场武胜路的第三卫生间内部空间。

图5-1 建筑类墙贴

① 韦哲，韦铁民. 厕所革命的实践 [M]. 北京：中译出版社，2020:37-56.

5.1.2 影视创意墙贴

位于武汉市玛雅海滩水公园的第三卫生间，其创意墙贴主要是使用影视装饰图案，来美化内部空间。该组墙贴图案内容取自电影《白雪公主和七个小矮人》和电视剧《米老鼠和唐老鸭》。影视是人类在娱乐活动中进行文化传递和交流的一种重要途径，墙贴图案选择经典影视人物形象，通过角色在电影中的形象特点引起观者的情感共鸣。使用第三卫生间的人群中很大一部分是3~6岁的小朋友，该墙贴选取素材符合这个年龄层使用者的喜好，当如厕的小朋友在看到这类自己熟悉的影视形象时，会产生情感共鸣，特别在公共如厕环境下，轻松愉悦的空间氛围更容易让他们放松心情，方便家长更好地照管。卫生间内部使用这类电影创意图案墙贴，为使用者营造出了诙谐轻松的如厕氛围（图5-2）。

5.1.3 动物创意墙贴

位于武汉市K11购物中心的第三卫生间，装饰墙贴采用各种形态高低不同的长颈鹿装饰图案，将第三卫生间的墙面点缀出艺术效果，使其形成轻松舒适的如厕

感受（图5-3）。位于上海市浦东区丁香国际商场的第三卫生间，创意墙贴主要是使用动物卡通装饰图案，进行室内空间营造。墙面设计有各种小朋友喜欢的毛绒玩具、卡通动物，风格简单，不失活泼，偏欧美绘本插画风格，家庭温馨气息十足。例如，将各类动物卡通造型墙贴放在卫生洁具后面，营造一个轻松的如厕环境（图5-4）。有测量小朋友身高的标尺墙贴，家长带孩子站在标尺墙贴旁，就可以见证孩子的成长（图5-5）。在高低位小便池上方布置卡通动物装饰墙贴和液晶显示屏，利用各种可爱的动物表情，营造出轻松的小便环境（图5-6）。在家属陪护休息区设置的两组动物图案墙贴，将猫头鹰、小象、小鹿的可爱形象，用温馨的色彩展现出来，展示出第三卫生间的轻松氛围（图5-7）。在洗手池旁设置的挂物钩，布置一个小说明墙贴，方便人们正确使用卫生设施（图5-8）。通过与使用功能相结合的动物创意墙贴，缩减了空间使用的单调性，拉近了使用者与使用空间的距离感。行为、表情生动的动物形象图案墙贴，在增加趣味性的同时也让使用者有了更为直接的接触和参与的互动性体会。这些动物卡通创意墙贴可进一步完善城市中第三卫生间的各项使用功能，也可为其他的第三卫生间建造中的创意墙体设计提供参考。

图5-2　影视类墙贴

图5-3　长颈鹿墙贴

图5-4 卫生洁具墙贴

图5-5 身高标尺墙贴

图5-6 小便池墙贴

图5-7 休息区墙贴

图5-8 说明墙贴

5.1.4 植物创意墙贴

　　位于上海市杨浦区复兴岛的第三卫生间，创意墙贴主要是使用植物卡通装饰图案，进行室内空间营造。该第三卫生间创意墙贴选取的是以各种植物的枝干、叶片、果实组合起来的一组植物创意图案，为其室内空间建立了一种清新、舒爽的如厕环境（图5-9）。将绿色的植物图案引入第三卫生间墙贴设计中，以植物丰富的类别、各异的造型、优美的形态、多彩的颜色、鲜活的生机，来改观公共卫生间脏、臭的固有印象。植物图案创意墙贴在打破公共卫生间室内空间沉闷、改善空间环境和氛围的同时，还以一种间接且有效的方式缓解使用者的阶段性情绪。在第三卫生间的创意墙贴设计上，植物图案墙贴是一种最易组合和被接受的墙贴类别。

图5-9　植物类墙贴

5.1.5 地方特色创意墙贴

　　位于贵阳市花溪区青岩古镇的第三卫生间，创意墙贴主要融入贵阳市地方特色，进行该卫生间的空间营造。贵阳作为我国西南地区的核心城市，旅游资源异常丰富，多民族共居，也是西南地区民风民俗和文化特别浓厚的城市。该第三卫生间的创意墙贴，选取的是身着西南少数民族服饰的少女形象图案，通过多组西南少数民族少女形象墙贴，搭配深红色木纹透雕装饰，在展现少数民族装饰特色、女性服饰妆扮文化的同时，也将当地天然、朴实、纯真的社会风貌展现出来。当外地游客进入这样一个第三卫生间，在感受当地少数民族文化特色的同时，也有了一份入乡随俗的亲近（图5-10）。地方特色创意墙贴可以以一种符号化的方式来展现当地的人文、历史、自然等特征，是当地人展现地域文化优势的一面镜子，也是外地人了解当地风俗民情的一种途径，把这一类创意图案墙贴运用在公共第三卫生间的室内装饰中，可以很好地展现和宣传当地的特色资源。

图5-10　地方特色类墙贴

5.2　第三卫生间创意墙贴的设计特性

　　创意墙贴设计在第三卫生间中体现的影响作用，包括功能性、装饰性、文化性以及低成本性。它们共同丰富了现代第三卫生间的空间形式，进一步营造出温馨、舒适的家庭环境。

5.2.1 功能性

功能主义是一种创作方法、美学理论，其核心观点就是产品形式必须服从产品功能。它着力解决形式和功能、美观和效用的关系问题。功能主义在19世纪成为社会关注的焦点，20世纪20至30年代成熟于德国包豪斯，包豪斯学校首任校长格罗皮乌斯提倡的就是"功能第一、形式第二"的办学思想[①]。所以，德国一直追逐强调理性设计、功能设计的主旨，这也是德国文化和民族精神的体现。同样，注重功能性原则在我国也被艺术设计界一直强调，并加以推广应用。因为再美丽的墙贴，缺少一定的功能性也是空有其表、华而不实。第三卫生间是时代文明发展的产物，其内部墙贴设计就应遵循功能性原则。例如，上海市浦东区丁香国际商场内的第三卫生间墙贴设计就是功能主义的代表。在墙壁上粘贴带有身高的标尺，方便家长测量自己孩子的身高。在卫生洁具旁边粘贴带说明的墙贴，提示使用者正确使用各类卫生洁具。由此可见，功能性在第三卫生间的墙贴设计中是必备的特性。

5.2.2 装饰性

墙贴的装饰性也是其功能性的表现，这也是当代室内装饰的流行要素之一[②]。从艺术的角度而言，装饰性是人类历史上最早产生的艺术形式，具有理性和感性的双重特征。正如著名美术史学者沃尔夫林所说的"美术史主要是一部装饰史"。在当代室内装饰中，分为"硬装"与"软装"，第三卫生间墙贴就属于"软装"的代表。第三卫生间墙贴的装饰性主要是从主题、图案、色彩、风格等方面来体现的。墙贴主题是反映现代城市的生活气息，感知城市文脉的重要窗口，所以主题一定要正面化，教育人们向真向善向美。墙贴图案是反映其内容的具体载体，图案一般由人物、动物、建筑、风景、字体等组合而成，形成丰富的装饰画面。墙贴色彩是点亮人们心中美好的导航标，色彩能调节心情，打开人们心灵的门窗。墙贴风格是墙贴作品在整体上呈现的有代表性的精神面貌。例如，武汉市K11购物中心的第三卫生间长颈鹿墙贴，就是利用各种长颈鹿的装饰性，把人们带入更加理想、舒适的第三卫生间空间环境中。

5.2.3 文化性

文化性目前的共同认识为"生活方式的总和"，也就是人类在长期的社会实践活动中创造的精神文化和物质文化的综合结晶。第三卫生间创意墙贴如果缺少一定文化系统的联系，那仅是一个视觉的形式而已。创意墙贴作为文化产品，必然传达和表征着一定的文化信息和社会属性。在21世纪高速发展的社会中，现代人看惯了满城高楼林立、大量钢筋混凝土充斥的生存空间，开始重新审视社会中的个体生活[③]。于是产生了回归城市文脉追忆的墙贴装饰风格，以使人们能取得心理和生理上的慰藉。墙贴艺术的文化性在第三卫生间空间设计中体现得淋漓尽致。墙贴设计有别于墙上绘画的呆板与局限，将生动而又富于文化气息的创意墙贴粘贴在第三卫生间空间中，使人们身临其境，处于艺术所营造的美丽文化气息之中，让禁锢于城市狭小空间的人们在第三卫生间的使用环境下感受到文化的熏陶。例如，上海建筑创意墙贴就是将上海城市的特色建筑文化充分表现出来，贵阳特色墙贴就是将贵阳城市的少数民族文化充分展示出来，这也是对传统社会形态下城市文脉追忆的重要体现。

---

① 张慧朝. 系统科学视角下的包豪斯设计教育 [J]. 系统科学学报，2018（2）:105-110.
② 陈会利，任兵，黄卉. 探讨室内装饰创意墙贴设计 [J]. 现代装饰（理论），2015（4）:86-87.
③ 段平艳. 当代城市住宅公共空间设计的伦理思考 [J]. 湖南包装，2019（3）:44-46，59.

5.2.4 低成本性

近年来，我国提倡建设节约型社会，走可持续性经济建设道路，所以人们需要以发展的眼光去审视第三卫生间。以节约社会资源的方式，低成本建设第三卫生间，这样才能更好地为社会大众服务。设计师可以根据第三卫生间的实际大小、墙体的面积及室内采光通风等因素，选择合适的图案进行计算机辅助设计，并将其喷墨打印出来，粘贴在墙体上。相比较传统的艺术砖、陶瓷锦砖、装饰板材、艺术玻璃等墙面传统制作方式，墙贴艺术显得更经济、简便、快捷。同时，随着社会潮流不断更新，一段时间后还可以更换一次墙贴，将新的图案信息展现给人们，丰富大家的精神生活。所以，开展第三卫生间的墙贴设计，补齐我国第三卫生间建设短板，应从人民大众的实际需求出发，尽量做到与周围环境和谐，这样既能节约经济成本，又能杜绝奢华之风。

5.3 创意墙贴设计的意义

当前在"厕所革命"发展背景下，各地区都纷纷开始建造第三卫生间。相比较传统的男女卫生间，第三卫生间的出现才不过短短数年，人们对其的认知度、接纳度、使用度都还有待提升。通过对上海、武汉、贵阳三地的第三卫生间进行调查，将各类创意墙贴进行案例分析，并梳理出其设计特性，期望能够从艺术学的角度，去营造出一个轻松、和谐、舒适的如厕环境，逐步缩短人们与第三卫生间之间的距离。

第三卫生间是当代社会文明高度发展的产物，其功能多样、洁具齐全、服务广泛，是科学性与人文性融合的典范。第三卫生间创意墙贴设计的创作始终是以"墙"为基、以人为本的。在协调现代人与公共厕所环境之间的情感效应方面，发挥着其他元素无法比拟的作用，它用独特的艺术形式来实现人们的情感诉求。当前探讨第三卫生间墙贴创意设计，也是进一步优化第三卫生间空间营造，提高人们如厕满意度的重要体现。

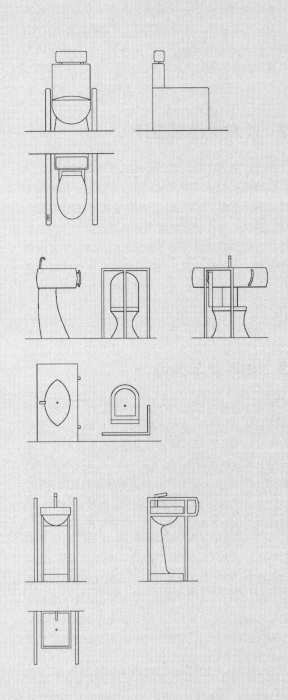

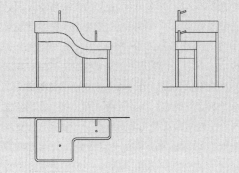

第6章

第三卫生间的创意
洁具设计

卫生洁具是构建第三卫生间的核心组件，是解决弱势群体及其家庭舒适如厕的关键点。本章基于科技与艺术结合的视角，探索第三卫生间的创意洁具设计方式。通过对组合型无障碍卫生洁具、沙发坐便器、亲子洗手池、可洗手的无障碍小便池、多功能婴儿护理台、移动垃圾桶、智能卫浴镜、"刷脸"厕纸机等设计案例以及实际项目案例进行详细论述，从智慧城市、人工智能、生态节能、人文关怀等方面，提出了构建第三卫生间的创意洁具设计方法。当前，开展第三卫生间创意洁具设计探索，势必带动提升公共卫生设施的建造水准。

"小康不小康，厕所算一桩"[①]。近些年我国持续开展的厕所革命，体现了国家对百姓民生的高度关切，彰显了从小处着眼、从实处入手的务实作风[②③]。厕所革命最早由联合国儿童基金会提出，是指对发展中国家的厕所进行改造的一项举措[④]。习近平总书记曾就"厕所革命"作出重要指示，强调要发扬钉钉子精神，采取有针对性的举措，一件接着一件抓，抓一件成一件，积小胜为大胜[⑤]。在此大背景下，我国的第三卫生间开始逐步兴起[⑥]。

6.1 组合型无障碍卫生洁具设计

该设计案例主要特色在于坐便器的后侧所设计的"L"形支撑杆，方便弱势用户在使用的时候，无论起身或者坐下都可以扶着，有一个支撑的点在那儿。同

时，在坐便器的旁侧，设置了一个洗手台，洗手台的下方支柱呈曲线状，方便弱势用户有足够的挪步空间。在洗手台的正前方安装了一个支撑架，也是便于弱势用户洗手支撑的区域（图6-1）。

6.2 沙发坐便器设计

该设计案例主要特色在于沙发与坐便器的完美结合，让弱势人群使用更方便、舒适。首先，在坐便器的左右两侧设置了软包扶手，方便使用者舒适地起身、坐下。其次，在坐便器的蓄水箱表面设置了马桶盖板凹槽，方便使用者将马桶盖板掀起后，储存在蓄水箱内，形成一个平整的靠背空间。第三，在坐便器的蓄水箱上方设施了头枕，进一步完善位于使用者头部的空间（图6-2）。

6.3 亲子洗手池设计

该设计方案可供成人、儿童同时使用。高的为成人使用，低的则为3~6岁儿童使用。洗手池上部材质以白色陶瓷为主，曲线优美的造型给人带来舒适的视觉享受。下部材质以柠檬黄陶瓷为主，可以放松心情，缓解如厕时的紧张情绪，营造出家庭般的和谐氛围。同时，亲子洗手池支座使用了七个钛合金支架，进一步增加了安全性（图6-3）。

① 邓启耀. 形而下与形而上：屎溺的文化认知［J］. 广西民族大学学报（哲学社会科学版），2021（1）:45-51.
② 邓建胜. 厕所革命需务实推进［N］. 人民日报，2018-01-08（005）.
③ 周星. 道在屎溺：当代中国的厕所革命［M］. 北京：商务印书馆，2019:79-96.
④ 郁静娴. 农村改厕，下大力也要用巧功［N］. 人民日报，2020-08-07（018）.
⑤ 申军波，石培华. "厕所革命"的中国治理：成效、经验与反思［J］. 领导科学，2021（2）:41-43.
⑥ 陶昕，宝剑辉，王子萌，张铭远. 风景区公共厕所的设计创新研究——以深圳市中科院仙湖植物园公厕改造为例［J］. 中国园林，2020，36（7）:48-53.

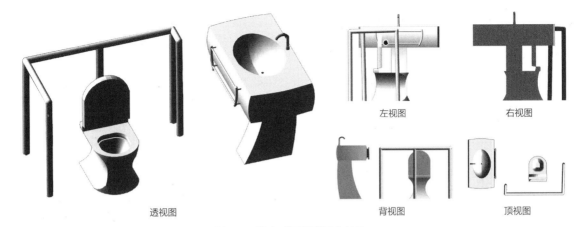

左视图　　　　　　　右视图

背视图　　　　　顶视图

透视图

图6-1　组合式无障碍卫生洁具

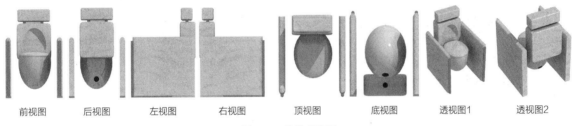

前视图　　后视图　　左视图　　右视图　　顶视图　　底视图　　透视图1　　透视图2

图6-2　沙发坐便器

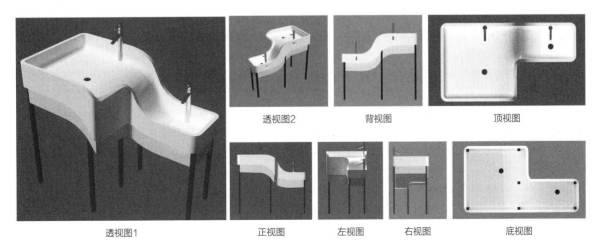

透视图2　　　　　背视图　　　　　　顶视图

透视图1

正视图　　　左视图　　　右视图　　　底视图

图6-3　亲子洗手池

6.4 可洗手的无障碍小便池设计

　　该设计方案整体造型分为上下两个部分，上部分为适用于清洁手部的洗手池，下部分连接着小便池，这样可以使洗完手的水，再次利用于冲洗小便池。在小便池的底部连接着下水管道，可以快速地冲走小便。小便池的两旁布置有扶手，这样能够满足残疾人和不方便长时间站立的弱势用户。如图6-4所示。

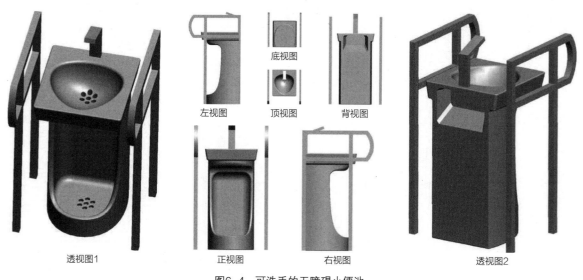

透视图1　　　　左视图　　顶视图　　背视图

正视图　　　　右视图　　　　透视图2

图6-4　可洗手的无障碍小便池

6.5 多功能婴儿护理台设计

　　该设计方案首先将婴儿护理台墙体内可折叠的部分设计成一个吸引婴儿注意力的租借玩具箱，采用扫码购物的方式就可以取出玩具，也能暂存婴儿护理小物品，让父母更方便地为婴儿更换隔尿布、纸尿裤。其次，在婴儿护理台板左侧配置了圆桶形纸张打印机，采用扫码购物的方式就可以打印出一次性抗菌垫纸，当婴儿系上安全带躺上去后，便可有更干净、卫生的体验效果。第三，在婴儿护理台板右侧配置了海绵材质暖风机，采用扫码购物的方式就能为刚擦洗完屁股的婴儿提供暖风吹干屁股的服务（图6-5）。

6.6 移动垃圾箱设计

　　该设计方案为移动垃圾箱。主要采用四个可移动滑轮，将传统固定式垃圾箱改为可移动式垃圾箱。移动垃圾箱分为上下层两个部分。上层部分为干垃圾箱、湿垃圾箱、一次性婴儿餐具回收盒，下层部分为可回收物垃圾箱。其中，干、湿垃圾箱为开盖式，可回收物垃圾箱为抽屉式。垃圾箱顶部的盖板也设置有卡槽，方便用户携带平板电脑架设、观看。垃圾箱左右两边设置有储物杆，方便用户挂雨伞、储物袋等个人物品（图6-6）。

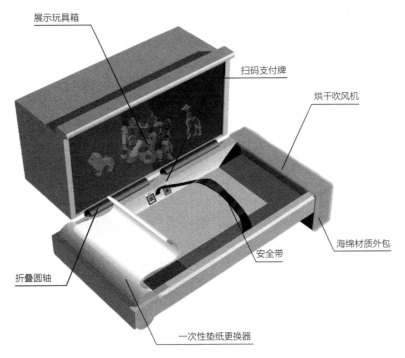

展示玩具箱

扫码支付牌

烘干吹风机

安全带

海绵材质外包

折叠圆轴

一次性垫纸更换器

图6-5　多功能婴儿护理台

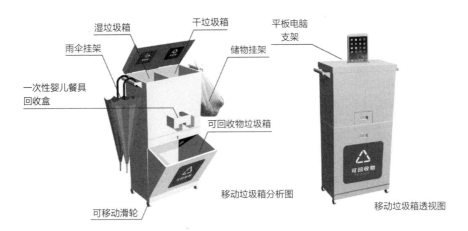

湿垃圾箱

干垃圾箱

平板电脑
支架

雨伞挂架

储物挂架

一次性婴儿餐具
回收盒

可回收物垃圾箱

可移动滑轮

移动垃圾箱分析图

移动垃圾箱透视图

图6-6　移动垃圾箱

6.7 智能卫浴镜设计

该设计方案为智能卫浴镜。主要采用可缩拉触摸屏卫浴镜和多功能售货箱组合而成。可缩拉触摸屏卫浴镜含有无极调光调色、智能除雾、蓝牙音响、智能外置放大镜、高清银镜、安全灯带、安全防爆等功能。同时，可触摸屏卫浴镜是稍向下倾斜的，方便弱势人群能够整理好自己的衣装。当打开触摸屏卫浴镜后可以发现内部还配置有多功能售货箱，通过扫二维码就可购买所需卫生物品（图6-7、图6-8）。

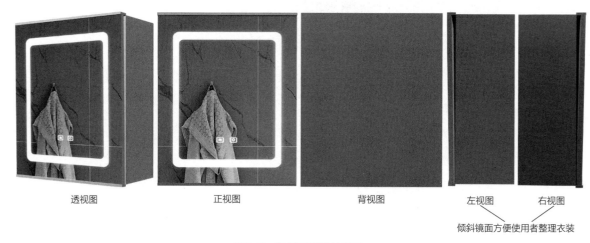

透视图　　　　　正视图　　　　　背视图　　　　左视图　右视图

倾斜镜面方便使用者整理衣装

图6-7　智能卫浴镜外观图

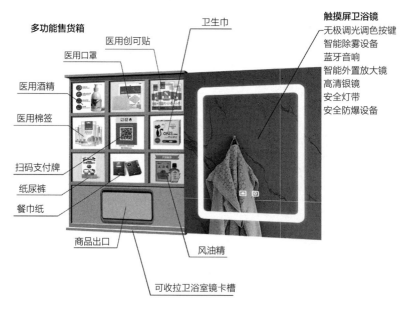

多功能售货箱

卫生巾

医用创可贴

医用口罩

医用酒精

医用棉签

扫码支付牌

纸尿裤

餐巾纸

商品出口

风油精

可收拉卫浴室镜卡槽

触摸屏卫浴镜
无极调光调色按键
智能除雾设备
蓝牙音响
智能外置放大镜
高清银镜
安全灯带
安全防爆设备

图6-8　智能卫浴镜展开图

图6-9 "刷脸"厕纸机

<table>
<tr><td>紧急呼叫按键</td></tr>
<tr><td>请刷脸取纸 Please brush your face and take paper</td></tr>
<tr><td>硬盘厕纸储存</td><td>高清摄像头功能</td></tr>
<tr><td>人脸识别功能</td><td>日期时间功能</td></tr>
<tr><td></td><td>语音识别功能</td></tr>
<tr><td>广告播放功能</td></tr>
<tr><td>厕纸出仓口</td></tr>
</table>

6.8 "刷脸"厕纸机设计

该设计方案为"刷脸"厕纸机。采用人像检测识别技术,以人脸所固有的生物特征进行身份识别。内部可装厕纸,由管理方开锁添纸。使用时只需要站到距离机器半米左右的位置,机器就会语音提示,全程语音引导。在无识别人脸5min后,厕纸机会自动切换播放视频广告。在"刷脸"厕纸机顶部安装有紧急呼叫按键,当用户遇到身体不适等情况时可以使用。如图6-9所示。

6.9 创意洁具设计的意义

6.9.1 智慧城市性

智慧城市(Smart City)就是在数字城市基础上利用信息化技术,进一步改善城市的各种状况,使人们更加便捷与舒适地生活。简单地理解,智慧城市就是大数据、云计算、物联网等先进技术与数字化城市的组合。

第三卫生间作为为弱势群体服务的公共基础设施,也应追随时代浪潮融入智慧城市系统中。通过运用5G等网络,结合云计算、大数据、物联网等技术,对公共厕所实施更智慧化的监管与运营。通过科技塑造便捷、高效、智能、清洁的公共厕所服务,提高人的如厕舒适性、实用性、安全性,以促进城市公共卫生服务水平与城市文明。智慧城市系统在第三卫生间中的具体应用为:监测空气质量、监测照明系统、监测厕所使用情况、监测厕所物品使用量、监测一键呼救等设施,同时也应增设为母婴、儿童、弱势人士等提供专门卫生商品扫码售卖装置,并可联动网络,方便需求人群快速了解卫生商品状况。相关品牌商也可以进行投资,在第三卫生间内部投入针对于该空间使用人群的商品,保证智慧系统的维护资金。例如,智能卫浴镜、多功能婴儿护理台等创意案例都可以采取这种方式。

第三卫生间在维护管理上也可纳入智慧城市管理系统。将第三卫生间内的温度传感器、湿度传感器、氨气传感器、厕所使用数量、厕所使用时长、厕所商品使用装置等监控数据实时反馈于后台。再通过大数据分析处理，反馈给该卫生间的管理者，形成高效且有针对性的维护管理工作。

6.9.2　人工智能性

人工智能（Artificial Intelligence，简称AI）是研究、开发用于模拟、延伸、扩展人的智能的理论、方法、技术及应用系统，是一门新兴的技术科学。在人类理性工作领域，人工智能正在颠覆性地改变着许多传统行业，很多机械化的工作已经被人工智能取代[1]。在艺术设计中，人工智能性也将变得更加重要。未来的人工智能与艺术设计可以诠释理解为：帮助人们构建更高级的用户体验场景、更精细的数字视觉效果、更多样的产品使用功能、更全面的用户使用感受。

对于第三卫生间而言，人工智能性更多地体现为厕所内部各种卫生洁具的智能化操作。包括使用机器人、图像识别、语音识别、专家系统等技术，这将跨越式提升用户使用的便利性、舒适性。相关品牌商也可以在第三卫生间内投入图像及语音识别式贩卖机，用户通过语音提示进行操作，通过电子屏幕进行图像识别，就可免费获取一次卫生物品，当没有用户使用时，则通过电子屏幕播放广告，例如"刷脸"厕纸机创意案例。同时，也可增配智能小便池、智能马桶、智能照明系统、智能除臭系统、智能节能系统、智能粪便检测系统等。

当前，人工智能技术正不断影响人们衣食住行的各个方面，第三卫生间作为我国社会文明高度发展的新兴事物，其卫生洁具和配置不一定能为其用户提供良好的使用体验。所以，利用"人工智能"的科技力量推动第三卫生间卫生洁具设计是符合时代发展，满足人民需求的创新手段。

6.9.3　生态节能性

生态节能性是以保护生态环境和节约自然资源为指导思想的设计思路和方法，开展第三卫生间洁具创意设计也应符合生态节能要求。当前，我国正坚定不移地沿着绿色、可持续发展的道路前行，设计师更要积极响应国家的号召，以自身的设计作品努力实现绿色可持续发展。

第三卫生间卫生洁具生态设计的服务对象始终是人，其生态设计的基本特征也是自然生态与人类的浑然一体、人与厕的高度融合，并充分表现人类的智慧、情感和文化。进行第三卫生间卫生洁具的生态设计承载了人们的生理需要，也节约了社会资源，保护了城市的生态环境。现阶段进行第三卫生间的卫生洁具生态节能设计是十分重要的，它可以改善人们的如厕环境，提高人们的生活幸福指数。同时，让那些使用过的人们感受到良好的第三卫生间厕所文化，无形中也能提升自己的个人修养。例如，可洗手的无障碍小便池、移动垃圾箱等创意案例，就是改进卫生洁具设计提升生态节能性的典型代表。

随着第三卫生间的不断推广普及，开展其卫生洁具的生态节能设计，要始终以可持续性发展为主旨方向，改变和放弃传统设计中过分强调产品外观以致标新立异、华而不实的创作思路，把设计创造力放在节约资源、保护环境的基点上，这样的卫生洁具才能够节约城市的环境资源。

---

① 胡洁. 人工智能驱动的艺术创新［J］. 装饰，2019（11）:12-17.

6.9.4 人文关怀性

人文关怀是人文主义的精髓，其核心思想在于肯定人性和人的价值。第三卫生间的设立及推广，正是人文关怀的真实写照，开展第三卫生间的洁具创意设计也是人文关怀的充分体现。主要体现在科学系统的公共卫生学和人体工程学的研究基础之上，尽量满足人们的各项生理与心理层次的需求。这就要求设计师必须在设计过程中随时关注不同人士的如厕需求、使用感受、环境影响等，让厕所与人之间形成良性的互动关系。这就要求第三卫生间创意洁具设计在功能、造型、质地、色彩、结构、尺寸等方面符合环境和社会需求，尤其要符合使用者的生理和心理特点，符合公共卫生学、人体工程学的各种要求。

人文关怀的另外一个重要的核心思想就是平等、尊重的人性化设计，即对各个特定社会群体的特殊关怀。第三卫生间是面向全社会开放使用的，必然要求具备全面尊重不同性别、不同年龄、不同文化、不同生理条件、不同身份使用者的人格和生理及心理需求。第三卫生间的人性化设计必须有助于提高和改善人的人格，促进人的社会化，有助于改善人与人之间的关系，形成良好的人际环境，促进社会的和谐发展。例如，组合型无障碍卫生洁具、沙发坐便器、亲子洗手台等创意案例都是人性化设计的代表。

伴随着经济的发展，人们对第三卫生间的认知也将从单一的残障人士使用发展到包括残障人士、老年人、婴幼儿、孕妇等需要关怀人群使用的卫生空间。其卫生洁具功能也要从单一型转化为多样型，这些都是人文关怀思想的必然体现。

6.10 结语

近些年持续在我国开展的厕所革命运动，确实在为老百姓谋福利，让人民大众的公共出行更加便利。在此大背景下，第三卫生间的设立则进一步彰显了我国精神文明建设的新高度。开展第三卫生间创意洁具设计是科技与艺术的有机结合，正如华人科学家李政道先生[①]所倡导的"科艺相通"论，科学与艺术是一枚硬币的两面，它们源于人类活动最高尚的部分，都追求深刻性、普遍性、永恒性。

第三卫生间是我国当代社会文明高度发展的产物，其功能多样、洁具齐全、服务广泛。第三卫生间的创意洁具设计始终是以功能为基、以人为本的。在协调现代人与公共厕所之间的需求效应方面，发挥着其他元素无法比拟的作用。当前，探讨第三卫生间创意洁具设计，也是进一步优化第三卫生间空间营造，提高人们如厕满意度的重要体现。

[①] 李政道，1926年11月24日生于上海，江苏苏州人，美籍华裔物理学家，中国科学院外籍院士，美国哥伦比亚大学教授，诺贝尔物理学奖获得者。

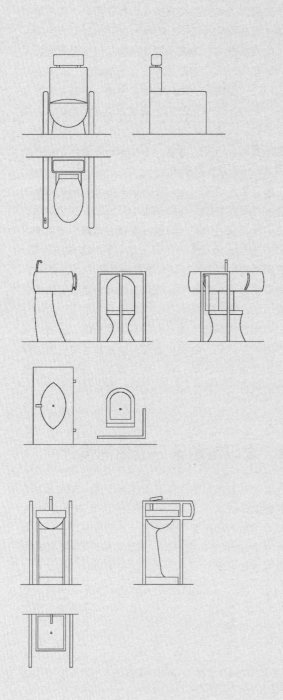

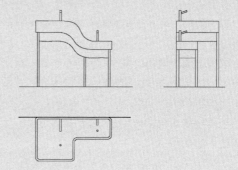

第 7 章

基于生态文明建设的
第三卫生间生态设计

生态文明是人类为保护和建设美好生态环境而取得的物质成果、精神成果和制度成果的总和。生态文明建设是贯穿于我国经济建设、政治建设、文化建设、社会建设全过程和各方面的系统工程，反映了我们的文明进步状态。

2012年以来，我国政府提出的生态文明思想，是新时代中国特色社会主义思想的重要组成部分，也是我国围绕生态文明建设提出的一系列新理念、新思想、新战略的高度概括和科学总结，更是新时代生态文明建设的根本遵循和行动指南。

2017年以来，我国人民认真贯彻落实国家制定的生态文明思想，自觉践行绿水青山就是金山银山的理念[1]，扎实做好城镇公共服务设施建设的生态修复、环境保护、绿色发展等各项工作。我国城镇公共服务设施的"颜值"和"气质"持续提升，城镇基本公共服务的"体格"和"体质"越来越好，人民群众的生态获得感也越来越强。

当前，我国正不断持续深化"生态文明建设理念"，坚定不移地推动绿色发展[2]。基于上述研究背景，本章以移动型、太阳能型、树屋型、充电型、无人售货型、雨水收集型、模块型等第三卫生间生态设计案例，开展具体分析，以期望为今后的第三卫生间建设提供蓝本。

7.1 移动型第三卫生间设计

该方案为移动型第三卫生间设计，主要为老弱病残孕、婴幼儿等人群提供公共厕所如厕服务，同时也能兼顾正常人群的公共厕所如厕需求。设计创意来源于旅行房车改造，当前我国的汽车文化已经普及，今后新兴的房车生活也会越来越多，所以将房车改造成

移动型第三卫生间能为更多人群提供帮助，美化家园环境，增进我国城市的综合竞争力。

此方案由大马力皮卡汽车及物质储备箱与第三卫生间移动车厢几个部分组成。全长10.5m，高3.2m，宽2.1m，占地面积为22.05m²。其中，第三卫生间的使用面积为7.04m²。厕所内提供无障碍坐便器、无障碍小便池、无障碍洗手池、儿童坐便器、儿童小便池、儿童洗手池、无障碍通道、急救按钮等设施，同时还提供蓄水箱和粪便回收箱。

此方案的创新技术、生态技术主要体现在依靠主车体蓄水箱和粪便回收箱来解决户外无下水管道时的排泄物及其他污染物的排放等问题；依靠大马力皮卡车上的物质储备箱解决第三卫生间的物质供应问题；由房车改装的第三卫生间能够适应旅游活动的季节性、流动性需求；由房车顶部的换气设施为第三卫生间提供清新的户外空气。

这些设计都能为老弱病残孕等人士的使用提供便利，对他们的心理给予了足够的尊重和关爱，充分体现了人文关怀的真谛，让生活在城市中的特殊人群真正体会到如厕带来的快乐（图7-1~图7-6）。

7.2 太阳能型第三卫生间设计

该方案为太阳能型第三卫生间设计。将第三卫生间的屋顶设计成一个二层观景平台，并配置栏杆扶手。在观景平台内部配置了12块光伏太阳能电池板，四周种植盆栽植物，为第三卫生间提供源源不断的能量。建筑形式是在第三卫生间的屋后设置楼梯，将第三卫生间的一层二层连接起来，方便用户使用。该建筑长度为5.2m，宽度为3.47m，高度为4m，其中第三卫生间使用面积为12.48m²。

① 潘家华，等. 生态文明建设的理论构建与实践探索［M］. 北京：中国社会科学出版社，2019：43-62.
② 钱易，温宗国，等. 新时代生态文明建设总论［M］. 北京：中国环境出版集团，2021：35.

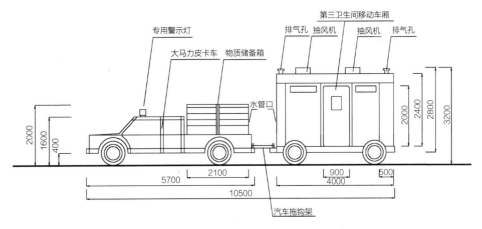

图7-1 移动型第三卫生间正立面图

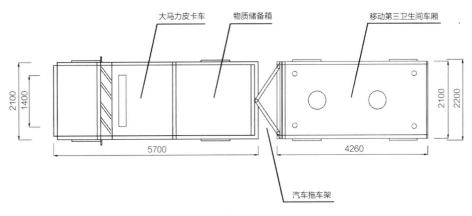

图7-2 移动型第三卫生间平面布置图

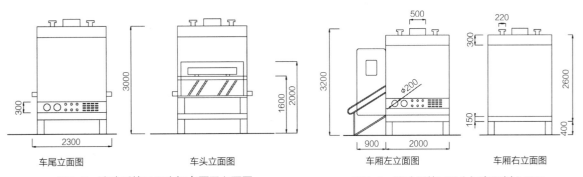

图7-3 移动型第三卫生间车厢正立面图　　图7-4 移动型第三卫生间车厢侧立面图

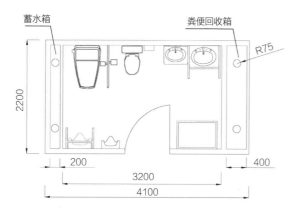

蓄水箱　　　　　　　　　　　粪便回收箱

图7-5　移动型第三卫生间车厢平面布置图

图7-6　移动型第三卫生间效果图

屋顶的太阳能发电系统和原先的市政供电系统将作为第三卫生间的两个电源,引至管理区的双电源自切配电箱,供整个第三卫生间使用。太阳能发电系统作为主用电源,市政供电作为备用电源,当光伏系统供电功率过低或者出现故障时,切换至市政供电,保障第三卫生间的24h不间断使用。

该第三卫生间内部包含无障碍坐便器、无障碍洗手池、无障碍小便池、儿童坐便器、儿童洗手池、儿童小便池、婴儿护理台、可折叠座椅、急救按钮等设施(图7-7~图7-10)。

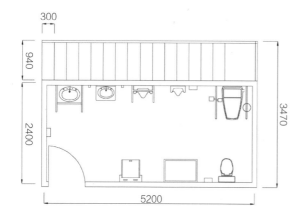

图7-7　太阳能型第三卫生间一层平面布置图

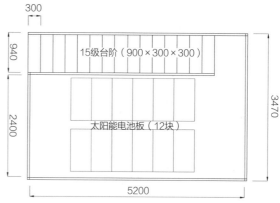

15级台阶(900×300×300)

太阳能电池板(12块)

图7-8　太阳能型第三卫生间二层平面布置图

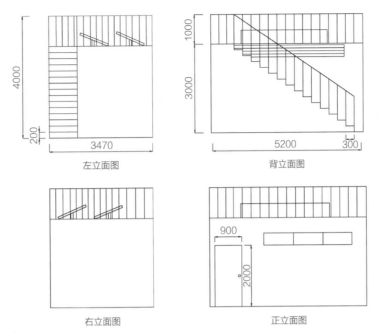

左立面图   背立面图

右立面图   正立面图

图7-9　太阳能型第三卫生间外立面图

图7-10　太阳能型第三卫生间效果图

7.3 树屋型第三卫生间设计

以树形高大的乔木为建筑中心,在其四周搭建、围合形成一座第三卫生间。让树木自然生长,空气得到净化,并利用树枝遮挡阳光,适合在旅游景区内修建,这样既美观又生态环保,让游览旅游景区的弱势群体有一个绿色生态的如厕环境。

该方案是采用木材建造的树屋型第三卫生间,木材是环保有机的建筑材料,使用后能被大自然有机分解,不会造成污染。同时,在木料的表面进行绿色墙植,整体形成绿色葱葱的视觉效果。通过该建筑体展现其绿色生态的构件,向人们传递绿色环保的理念。

该第三卫生间包含无障碍洗手池、儿童洗手池、儿童小便池、无障碍小便池、儿童坐便器、无障碍坐便器、急救按钮等设施,同时在第三卫生间入口外还配置了一个家属陪护休息座椅(图7-11~图7-13)。

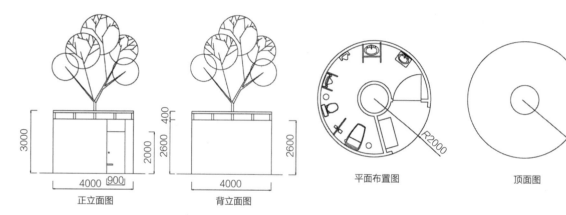

正立面图　　　　　背立面图

图7-11　树屋型第三卫生间立面图

平面布置图　　　　　顶面图

图7-12　树屋型第三卫生间平面图

图7-13　树屋型第三卫生间效果图

7.4 充电亭、无人售货亭与第三卫生间设计

该方案由第三卫生间、充电亭、无人售货亭、入口通道组合而成。整栋建筑长度为5m，宽度为4.62m，高度为3m，其中第三卫生间的使用面积为7.5m²。厕所内部包含无障碍坐便器、无障碍小便池、无障碍洗手池、儿童坐便器、儿童洗手池、婴儿护理台、缩拉门、急救按钮等设施。

充电亭在第三卫生间的正面外墙处，包含4个充电桩和1个挡雨棚。充电桩的输入端与交流电网直接连接，输出端都装有充电插座，用于为电动自行车充电。充电桩一般提供常规充电和快速充电两种充电方式，用户可用充电桩上方提供的二维码进行扫码付费充电。充电桩显示屏能显示充电量、费用、充电时间等数据。

此充电亭能够同时满足4辆电动车的充电需求。

无人售货亭在第三卫生间的侧面外墙处，由1台无人售货机和1个挡雨棚组成。用户通过扫码付费的方式进行购物。无人售货亭是商业性的人机交互设备，它不受时间、空间的限制，能节省人力，方便交易。公元1世纪，希腊就制造出自动出售"圣水"的装置，是世界上最早的自动售货机。1925年美国研制出出售香烟的自动售货机，此后又出现了出售邮票、车票、食品、饮料、日用品的各种现代自动售货机。进入21世纪，人机交互式的无人售货亭在我国也大量出现，这是我国科技进步的表现，也是我国百姓的生活更加便利化的体现。用户采用手机扫二维码的形式，以电子货币选买商品，极大地方便了百姓的日常生活。综上所述，该方案不但功能设施完善，而且生态环保，适合在现代居住社区周边建造，满足现代都市人的日常需求（图7-14~图7-17）。

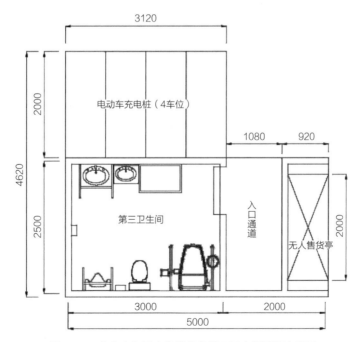

图7-14 充电亭与无人售货亭的第三卫生间平面布置图

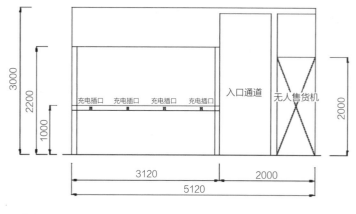

图7-15 充电亭与无人售货亭的第三卫生间
正立面图

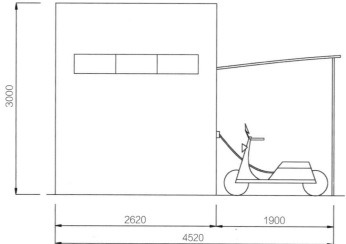

图7-16 充电亭与无人售货亭的第三卫生间
侧立面图

图7-17 充电亭与无人售货亭的第三卫生间
效果图

7.5   雨水回收型第三卫生间设计

本方案由第三卫生间、男士小便间、雨水回收装置组成。整栋建筑长度为6.5m，宽度为3m，高度为4.4m，其中第三卫生间的使用面积为7.5m²。该建筑特异的造型设计让人们对这个第三卫生间过目难忘，并且在第三卫生间的碗形屋顶设置蓄水装置，既有了储水容器、形成了屋顶隔热，又可以把宝贵的雨水收集起来，让雨水资源能够持续使用，这样做可以节约宝贵的水资源。

该第三卫生间内部包含无障碍坐便器、无障碍小便池、无障碍洗手池、儿童坐便器、儿童小便池、急救按钮等设施，在其旁边配置有一个男士的小便间，里面设置了两个小便池（图7-18~图7-21）。

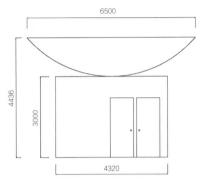

图7-18 雨水回收型第三卫生间正立面图

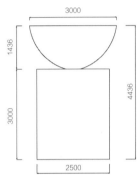

图7-19 雨水回收型第三卫生间侧立面图

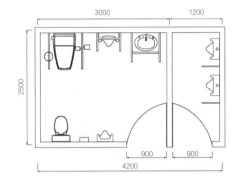

图7-20 雨水回收型第三卫生间平面布置图

图7-21 雨水回收型第三卫生间效果图

7.6 模块化第三卫生间设计

本案例为模块化第三卫生间设计。采用活动板房式造型、钢架结构，满足快速拆装要求，同时连接地下专用化粪池，可接入市政排污系统，对城市环境不造成污染。

模块化第三卫生间全部采用方形造型，配件装配程度高，材质坚固耐用。厕所外部采用金属卡槽设计，方便快速拼接安装。同时，模块化板材采用环保材料，适合批量化生产，经济实用性强。模块化第三卫生间可以和单体卫生间、卫生员管理室等结合组装，形成一个多功能空间。

其中，第三卫生间长2m、宽2m、高2.5m，单体卫生间长1.3m、宽1m、高2.5m，卫生员管理室空间大小与第三卫生间一致。模块化第三卫生间随人流量的变化可单个使用，也可多个组合使用，还可随场地地形变化自由组合使用。本案例尽可能满足不同用户、不同时段、不同区域的如厕需求。

此方案的设计创新主要体现在，模块化设计和人性化设计在第三卫生间中的应用。利用模块化理念，对传统公共厕所进行了设计创新，不仅装配简单易行，而且实现了服务功能的多样化。在人性化设计方面，构建第三卫生间，为弱势群体如厕提供方便；设置卫生员管理间，为厕所管理者提供了办公空间（图7-22~图7-26）。

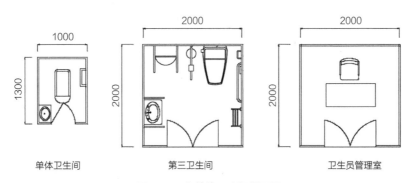

图7-22　各单体卫生间平面图

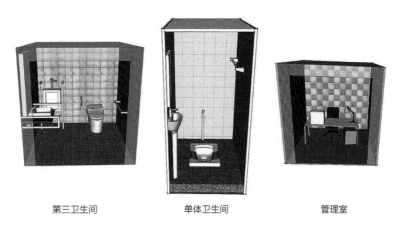

图7-23　各单体卫生间内部结构图

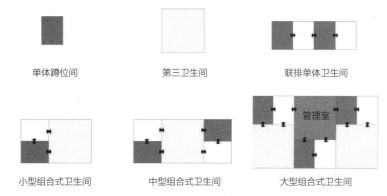

单体蹲位间　　　　　第三卫生间　　　　　联排单体卫生间

小型组合式卫生间　　中型组合式卫生间　　大型组合式卫生间

图7-24　模块化组合平面图

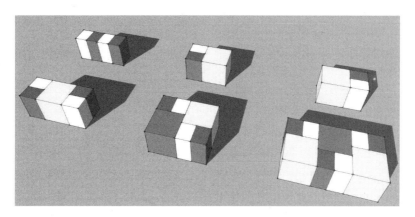

图7-25　模块化组合鸟瞰图

图7-26　中型组合形式效果图

7.1 废旧衣物回收柜、快递柜与第三卫生间设计

该方案由第三卫生间、废旧衣物回收柜、快递柜组合而成。整栋建筑长度为5m，宽度为4m，高度为3.6m，其中第三卫生间的使用面积为7.56m²。建筑外观为中国传统的坡屋顶建筑形式。厕所内部包含无障碍坐便器、无障碍小便池、无障碍洗手池、儿童坐便器、儿童小便池、婴儿护理台、推门、急救按钮等设施。

快递柜设在第三卫生间的左侧外墙处，包含两个无人快递柜。当代人生活节奏快，平时大量时间都投入在工作或学习中。快递物流已经成为当代人日常邮件来往、网络购物的重要方式。与有人快递点的时间

局限性相比，无人快递柜24小时的不间断服务更适合现代社会发展需求。在快递柜上方设置坡屋顶，可为来此取快递的人们遮阳挡雨。

废旧衣物回收柜设在第三卫生间的右侧外墙处，包含两个废旧衣物回收柜。废旧衣物回收是新时代人们的生活必备。爱美之心，人皆有之，大多数成年人都有衣物更新需求。青少年儿童的身体发育快，衣物更新速度也快。在此背景下，配置废旧衣物回收柜，也是生态、绿色、环保的重要体现。在废旧衣物回收柜上方设置坡屋顶，为来此投递废旧衣物的人们遮阳挡雨。

该方案不但功能设施完善，而且生态、环保，适合在现代居住社区周边建造，满足现代都市人的日常需求。将废旧衣物回收柜、快递柜与第三卫生间组合，即体现了便民性，又体现了生态性（图7-27～图7-32）。

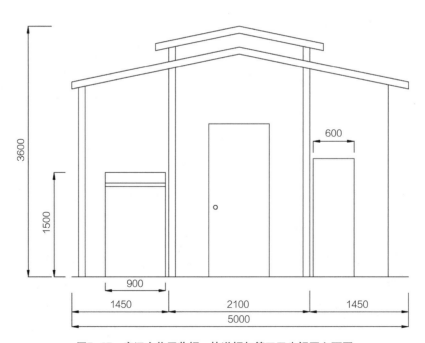

图7-27 废旧衣物回收柜、快递柜与第三卫生间正立面图

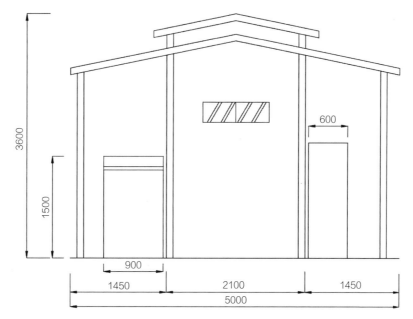

图7-28 废旧衣物回收柜、快递柜与第三卫生间背立面图

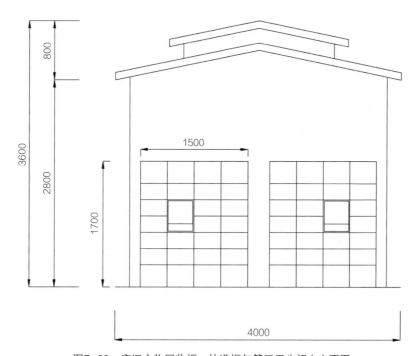

图7-29 废旧衣物回收柜、快递柜与第三卫生间左立面图

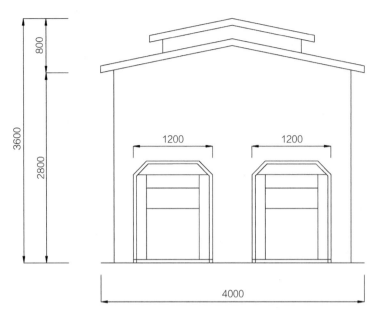

图7-30 废旧衣物回收柜、快递柜与第三卫生间右立面图

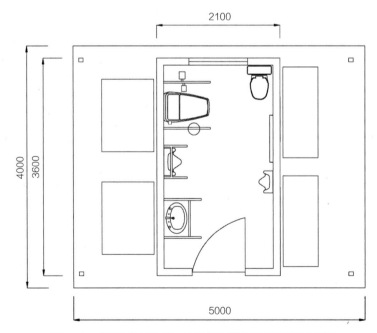

图7-31 废旧衣物回收柜、快递柜与第三卫生间平面布置图

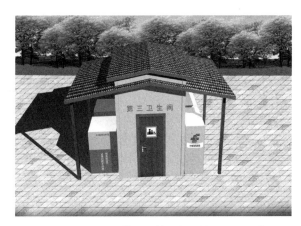

图7-32 废旧衣物回收柜、快递柜与第三卫生间效果图

7.8 生态设计的意义

生态设计是整合系统设计。生态设计一个非常重要的指导思想就是系统化的思想，即把整个地球生物圈看作一个大系统。同时，也把设计过程当作一个有机的大系统，把目光投向整个设计过程，保护生态环境，节约社会资源[①]。

当前，适当地增加第三卫生间，不仅可缓解弱势人群及其家庭如厕难，更是给大众留下一个良好印象，是提升城市软实力的重要体现。通过以上第三卫生间设计案例分析，归纳出第三卫生间的生态设计特性，有助于人们今后开展第三卫生间的设计建造，也有助于城市文明向前进步。

7.8.1 灵活机动性

传统第三卫生间一般都是固定式，这就需要固定的选址地点、结构形态、建筑材料、施工工艺等，其需要较长的建造时间、较高的建造经费。这往往会造成城市规划速度没有城市发展速度快，第三卫生间没

建成几年就会有被迫拆除的危险。由于第三卫生间的占地面积并不大，其生态设计最大的特点就是灵活机动性。

当前，移动第三卫生间主要分为拖挂式、搬运式、吊装式等三种结构形式。拖挂式移动第三卫生间是由外力牵引，移动到需求量较大的公共区域，由于机动性较强、车厢空间利用率高、可同时满足多人使用等特点，逐步成为社会关注焦点，例如移动型第三卫生间设计案例就是代表。搬运式第三卫生间的结构简洁、材料轻巧，适合搬运，可根据人流量大小自由组合，并且安装时间短，一般可采用活动板房改建而成，例如模块化第三卫生间设计案例就是代表。吊装式第三卫生间一般面积不大，可采用拉臂车装载、吊装，相对于固定式第三卫生间受地形地貌限制，吊装式第三卫生间能整体进行移动，减少城市规划建设造成的损失，例如集装箱第三卫生间设计案例就是代表。这些案例都体现出移动型第三卫生间设计的灵活机动性。

7.8.2 生态环保性

生态设计，又称为绿色设计，是20世纪90年代开始蓬勃兴起的一种新的设计方式。生态设计是从生态技术发展过程中成长起来的。

当前人们的生存环境正不断受到恶劣挑战，大众都需要树立可持续发展的生态环保理念，第三卫生间设计更应具备生态环保性。例如，太阳能型第三卫生间设计案例、雨水回收型第三卫生间设计案例、树屋型第三卫生间设计案例、模块化第三卫生间设计案例、废旧衣物回收与快递柜型第三卫生间设计案例都是代表。

这些第三卫生间的生态环保设计特性主要体现在：利用车载，灵活机动。利用太阳能电池板收集能量，能够实行自给自足。雨水收集使用，节约用水。利用

---

① 李砚祖. 艺术设计概论［M］. 武汉：湖北美术出版社，2007:203-207.

木料围绕树木建造，少占土地资源。将电动车充电、无人售货与如厕空间相结合，打造一厕多能。利用模块化技术，适合批量生产，自由组装，降低成本。将废旧衣服回收、快递柜与第三卫生间相结合，降低社会治理成本，满足当代人的日常需求。

7.8.3　科技进步性

第三卫生间"麻雀虽小，五脏俱全"，它是一个国家科技、经济发展实力的重要表现。例如，充电亭与无人售货亭的第三卫生间设计案例就是采用人机交互技术、低碳新能源技术建成，其充满科技感、艺术感，让人难忘。又如模块化第三卫生间设计案例，采用高精度的模块，制造出各类不同功能的第三卫生间，能够满足不同地区使用需求。同时世界发达国家也有很多先进的第三卫生间设计案例，例如英国升降式第三卫生间，通过遥控技术指挥操作，白天第三卫生间就如同下水道井盖，到了晚上整体从地下升起，供人如厕。又如美国网约车体移动第三卫生间，使用者通过互联网留言就能约来第三卫生间服务。所以，移动第三卫生间面积虽小，却是一个国家科技实力、经济实力的体现。

7.8.4　人文关怀性

现代人们的生活品质不断提升，第三卫生间的生态设计不仅要满足普通男女如厕需求，还要注重人文关怀。例如：生态房车厕所设计案例、模块化第三卫生间设计案例都考虑了弱势群体的如厕需求，设置了无障碍坐便器、无障碍小便池、无障碍洗手池、无障碍通道、无障碍扶手架、儿童坐便器、儿童小便池、儿童安全座椅等卫生设施。当前，构建无障碍的全社会公众服务环境，是方便弱势群体走出家门、参与社会生活的基本条件，也是提升老年人、残疾人、孕妇、婴幼儿等群体社会幸福感的重要措施，更是开展文明城市建设的典型代表。在第三卫生间生态设计中，开展人文关怀性设计是物质文明和精神文明的集中体现，也是社会进步的重要标志，对提高个人素质，培养全民公共道德意识，推动精神文明建设等也具有重要的社会意义。

当前我国的生态文明建设正不断向前发展，大众也确实感受到了生活环境的不断改善。本文集中探讨了大量第三卫生间的生态设计案例，其都来源于笔者近些年的第三卫生间设计作品梳理。这些稚嫩的设计案例，还有待社会大众的批评指正。

设计也是文化活动，不仅设计生产有形物质，更能创造无形的"生活—时尚"理念。未来的设计师们有责任和义务引导人们和社会形成良好的消费风尚，推动新的健康生活方式，宣扬绿色环保理念，促进人类可持续发展[①]。当前，许多地区在解决"如厕难"问题的时候，往往是新建改建、重新规划，甚至花巨资建造豪厕，在浪费了大量的社会资源的同时，并未有效解决民生问题，可谓劳民伤财。而生态设计的第三卫生间作为城市公共设施的重要组成部分，应该得到大力推广。本章基于生态文明建设的视角，探讨了六种新型第三卫生间设计案例，期望能够给环卫行业提供有效借鉴。今日大众并不需要豪华的第三卫生间，只需要在必要时加大对第三卫生间的生态设计研发，就能满足人们的需求，也能提升城市文明形象。

---

① 凌继尧. 艺术设计十五讲［M］. 北京：北京大学出版社，2006:212.

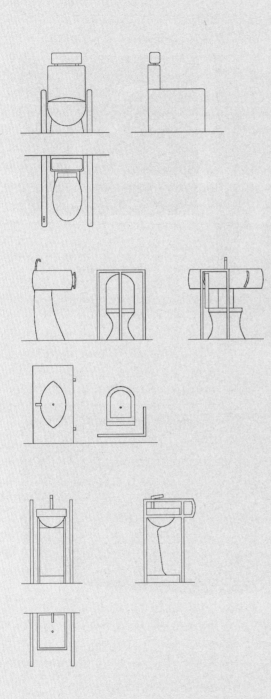

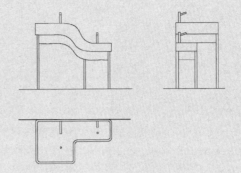

第 8 章

第三卫生间的空间设计

开展第三卫生间空间设计首先要考虑其所在的外部环境。第三卫生间从属于城市公共厕所，公共厕所空间大小直接影响第三卫生间的空间大小[①]。根据住房和城乡建设部2016年9月发布的《城市公共厕所设计标准》CJJ 14—2016将当前城市公共厕所按建筑面积划分为三类。一类公共厕所建筑面积为110~150m^2，服务于火车站、飞机场、大型广场；二类公共厕所建筑面积70~100m^2，服务于城市主次干路沿线；三类公共厕所建筑面积40~60m^2，服务于居民生活区、企事业单位。

按此分类，一类公共厕所配置大型空间的第三卫生间，二类公共厕所配置中型空间的第三卫生间，三类公共厕所配置小型空间的第三卫生间。同时考虑到，现代城市空间宝贵，特别是城市中心地段，对于低于40m^{2}的公共厕所，可配置迷你型第三卫生间。本章按这四个空间类型，提供了5、7、9、11.84、12、14m^{2}六个第三卫生间的空间设计方案。

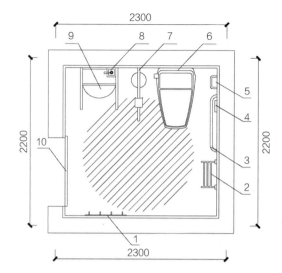

图8-1　5m^{2}第三卫生间平面布置图

1—挂衣架；2—置物架；3—无障碍扶手；4—紧急呼叫器；5—免洗洗手液；6—无障碍成人自动换套坐便器；7—垃圾桶；8—洗手台；9—无障碍成人儿童两用小便池；10—单边拉门

8.1　迷你型空间设计（5m^2）

现代城市空间宝贵，特别是城市中心地段，针对不大于40m^{2}的极小型公共厕所，可配置迷你型第三卫生间空间，其建筑面积约5m^2。根据整体空间来布置洁具及物品的摆放位置，所有的室内设施尤重实用性，"麻雀虽小，五脏俱全"。

迷你型第三卫生间的配置有：无障碍成人坐便器、无障碍洗手池与成人儿童共用小便池、可折叠婴儿护理板、储物架、单向拉门、紧急呼叫报警器等。在具备以上主要卫生洁具的同时，还应配备必要的辅助设施：如无障碍扶手、支架、手纸盒、马桶垫纸盒、洗手液、熏香、废纸篓、化妆镜、挂衣钩、照明通风等（图8-1~图8-6）。

迷你型第三卫生间受面积影响，在设计中将单开

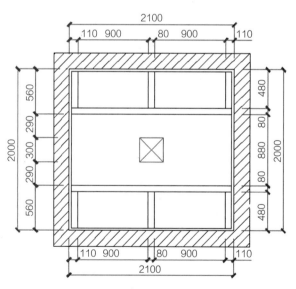

图8-2　5m^{2}第三卫生间顶面图

---

① 四川省住房和城乡建设厅. 四川省公共厕所标准图集：川2018J133—TY［S］. 成都：西南交通大学出版社，2019.

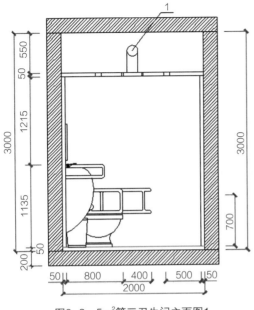

图8-3　5m²第三卫生间立面图1

1—通风管道

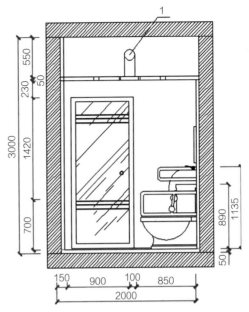

图8-4　5m²第三卫生间立面图2

1—通风管道

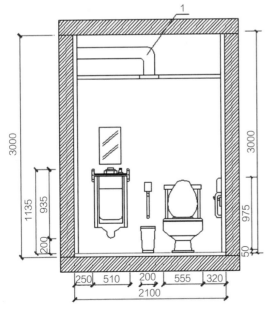

图8-5　5m²第三卫生间立面图3

1—通风管道

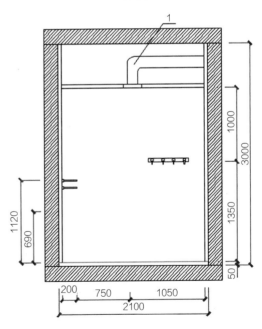

图8-6　5m²第三卫生间立面图4

1—通风管道

门更换为单向拉门，取消了儿童坐便器、儿童小便池、无障碍洗手台等卫生洁具。采用无障碍成人儿童共用小便池与无障碍洗手池相结合的形式，在无障碍成人儿童共用小便池的上方设立无障碍洗手池，当使用者小便过后，就可以在其上方洗手，通过下面连通的管道用洗手水冲洗自己的小便，这样既节约空间又节省水资源。同时，还在洗手池的上方安置化妆镜，以便使用者调整装扮。为了方便儿童使用，这款小便池底部高度可按儿童小便池底部高度设置。

从空间营造中可以看出，迷你型第三卫生间虽然面积较小，但功能齐全。人性化的节水小便池设计，让人们在使用的时候会有一种全新的感受，方便且人性化的卫生设施让迷你型第三卫生间具有多功能性，做到最大化地利用空间（图8-7）。

8.2　小型空间设计（7m²）

针对三类公共厕所、普通旅游景点、高档商场及购物中心配备的小型第三卫生间，其建筑面积约7m²。根据整体空间来布置洁具及物品的摆放位置，将大部分洁具按照使用类型排放在空间长的一侧以方便使用，对侧则放置洗手台、储物架等。短的一侧则放置无障碍小便池、婴儿护理台等。

小型第三卫生间里装配有：无障碍成人坐便器、儿童坐便器、无障碍洗手池、无障碍成人及儿童共用小便池、可折叠婴儿护理床、无障碍扶手及支架、紧急呼叫报警器等。在具备以上主要卫生洁具的同时，还应配备必要的辅助设施：如手纸盒、马桶垫纸盒、洗手液、熏香、废纸篓、化妆镜、挂衣钩、照明通风等（图8-8~图8-13）。

图8-7　5m²第三卫生间效果图

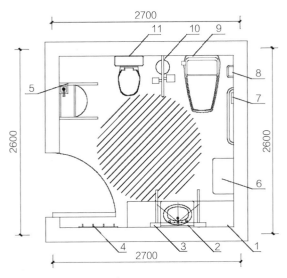

图8-8　7m²第三卫生间平面布置图

1—储物台；2—洗手池；3—超薄电视机；4—挂衣架；5—成人儿童
共用节水小便池；6—可折叠的多功能台；7—警报器；8—免洗洗手液；
9—无障碍成人自动换套坐便器；10—垃圾桶；11—儿童自动换套坐便器

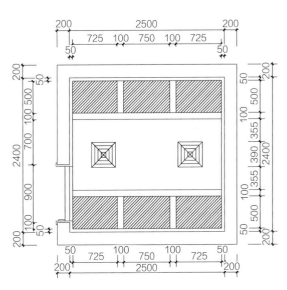

图8-9　7m²第三卫生间顶面图

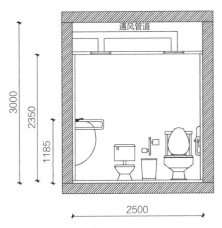

图8-10　7m²第三卫生间立面图1

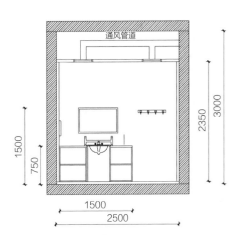

图8-11　7m²第三卫生间立面图2

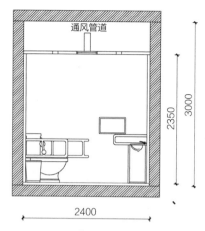

图8-12　7m²第三卫生间立面图3

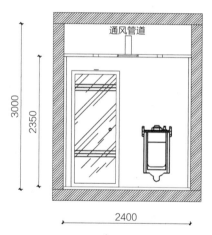

图8-13　7m²第三卫生间立面图4

由于小型第三卫生间空间相对缩小，所以在设计中取消了儿童小便池，将儿童小便池与无障碍成人小便池合二为一，节约空间。儿童坐便器和成人坐便器仍在同侧，废纸篓及卷纸正好可以放在两个坐便器的中间，方便使用。将洗手池与储物架进行整合，洗手池下方镂空的架子，可以适当存放个人物品。

从空间营造中可以看出，整体色彩偏冷色调，但给人的感觉十分干净、素雅。加上洁白色的洁具，让使用者进入里面就会有很强的空间感。面积不但不显小，反而显得功能齐全，人性化设计很合理，实用性较强（图8-14）。

8.3　中型空间设计（9m²）

针对二类公共厕所或3A～4A级旅游景点配备的中型第三卫生间，其建筑面积约9～11m²。这里设计了两个方案，分别是9m²第三卫生间、11m²第三卫生间。

9m²第三卫生间里面装配有：亲子洗手池、刷脸厕纸机、可洗手小便池、废纸篓、智能坐便器、移动扶手架、精灵小便池、小熊坐便器、厕纸盒、可缩拉电动门、多功能婴儿台、可移动垃圾箱、紧急呼叫器等。9m²第三卫生间空间设计方案，面积适中，较适合推广，其使用的各类卫生设施科技感也较高（图8-15～图8-20）。

9m²第三卫生间墙面采用灰白色墙砖，地面采用深棕色防滑地砖，顶棚采用清灰色铝扣板，空间整体色彩淡雅，营造出干净、轻松的如厕氛围（图8-21）。

8.4　大型空间设计（11.84m²、12m²、14m²）

针对一类公共厕所或5A级旅游景点专门配备的大型第三卫生间，其建筑面积约12～15m²。

11.84m²第三卫生间里装配有：无障碍成人坐便器、儿童安全座椅、无障碍成人洗手池、储物架、儿童洗手台、婴儿护理台、无障碍成人小便器、儿童小便池、儿童坐便器、无障碍扶手及支架、紧急呼叫报警器等。在具备以上主要卫生洁具的同时，还配备必

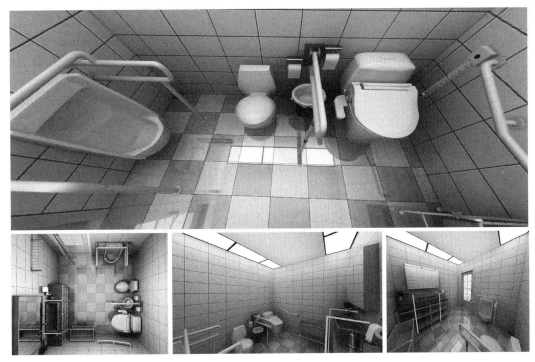

图8-14　7m²第三卫生间效果图

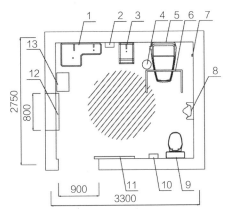

图8-15　9m²第三卫生间平面布置图

1—亲子洗手液；2—刷脸厕纸机；3—可洗手小便池；4—废纸篓；
5—智能坐便器；6—移动扶手架；7—紧急呼叫器；8—儿童小便池；
9—小熊坐便器；10—儿童手纸盒；11—可缩拉门；
12—可折叠婴儿护理台与玩具柜；13—可移动垃圾箱

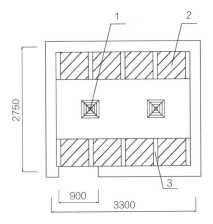

图8-16　9m²第三卫生间顶面图

1—抽风机；2—铝扣板；3—LED灯带

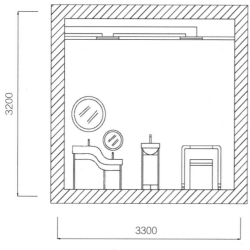

图8-17　9m²第三卫生间立面图1

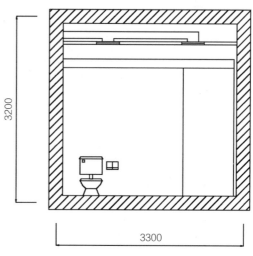

图8-18　9m²第三卫生间立面图2

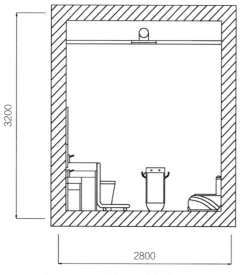

图8-19　9m²第三卫生间立面图3

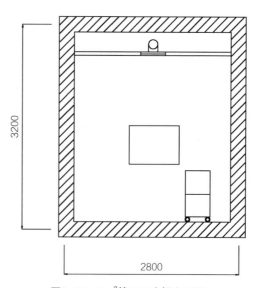

图8-20　9m²第三卫生间立面图4

图8-21　9m²第三卫生间效果图

要辅助设施：手纸盒、马桶垫纸盒、洗手液、熏香、废纸篓、装饰画、化妆镜、挂衣钩、照明通风设施等。此类第三卫生间功能丰富，设施完备（图8-22~图8-28）。

　　无障碍成人小便池及坐便器分别在空间两侧形成一个大、小便的功能分区。废纸篓及卷纸正好可以放在两个坐便器的中间。挂衣钩也设计成两层，其中下面一层仅1m高，供那些行动不便的残疾人挂衣物。在成人的小便池、坐便器、洗手池等部位安装无障碍扶手及支架，方便残障人士，体现出卫生间洁具的人性化。

　　考虑到儿童的使用需求，其小便池及坐便器基本都是贴地的，方便他们使用。单独摆放一张婴儿床，方便带婴儿的家庭喂奶、更换尿布。

　　从空间营造中可以看出，由于整个空间占地面积较大，所以内部功能非常完善，色彩氛围整体偏暖，墙上搭配的装饰水墨画也显得比较淡雅，给使用者一种家的温馨感，就像在自己家里的卫生间一样（图8-28）。

　　12m²第三卫生间里装配有：洗手液盒、无障碍洗手池、烘手机、卫生纸盒、无障碍小便池、废纸篓、无障碍坐便器、卫生纸卷轴、紧急呼叫器、婴儿床、儿童洗手液、儿童洗手池、儿童小便池、儿童坐便器、装饰画等设施。能够满足5星级购物中心、高档商场等需求（图8-29~图8-35）。

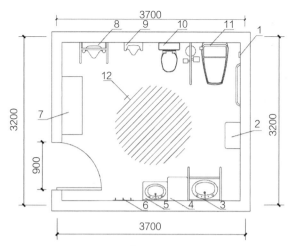

图8-22　11.84m²第三卫生间平面布置图

1—紧急呼叫器；2—儿童安全座椅；3—无障碍成人洗手盆；4—储物台；5—儿童洗手池；6—挂衣钩；7—婴儿护理台；8—无障碍成人小便器；9—儿童小便器；10—儿童坐便器；11—无障碍成人自动换套马桶；12—直径为1.5m的轮椅回旋余地

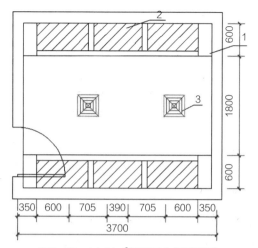

图8-23　11.84m²第三卫生间顶面图

1—顶棚扣板；2—LED灯带；3—排气扇

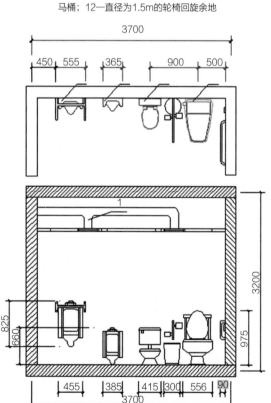

图8-24　11.84m²第三卫生间立面图1

1—通风通道

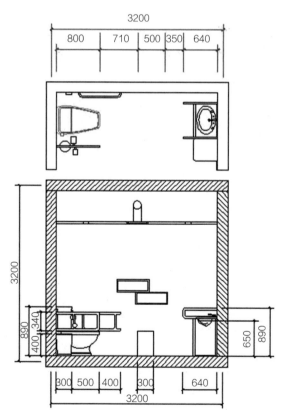

图8-25　11.84m²第三卫生间立面图2

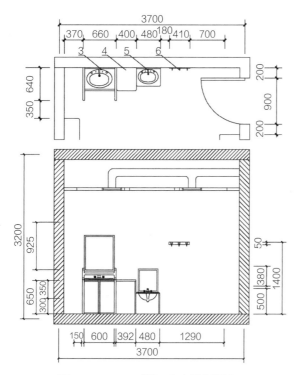

图8-26　11.84m²第三卫生间立面图3

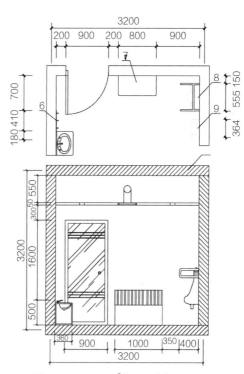

图8-27　11.84m²第三卫生间立面图4

图8-28　11.84m²第三卫生间效果图

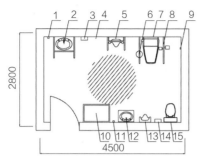

图8-29　12m²第三卫生间平面布置图

1—洗手液盒；2—无障碍洗手池；3—烘手机；4—卫生纸盒；
5—无障碍小便池；6—废纸篓；7—无障碍坐便器；8—卫生纸卷轴；
9—紧急呼叫器；10—可折叠婴儿护理台；11—儿童洗手池盒；
12—儿童小便池；13—儿童小便池；14—卫生纸盒；15—儿童坐便器

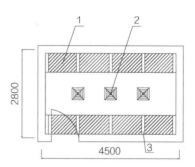

图8-30　12m²第三卫生间顶面图

1—铝扣板；2—抽风机；3—LED灯带

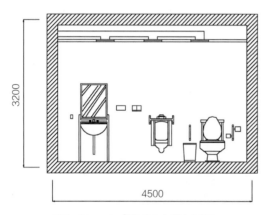

图8-31　12m²第三卫生间立面图1

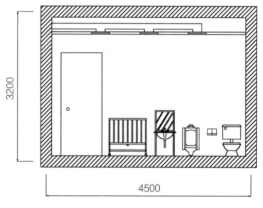

图8-32　12m²第三卫生间立面图2

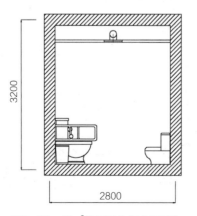

图8-33　12m²第三卫生间立面图3

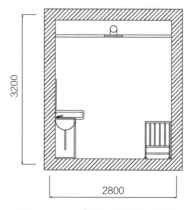

图8-34　12m²第三卫生间立面图4

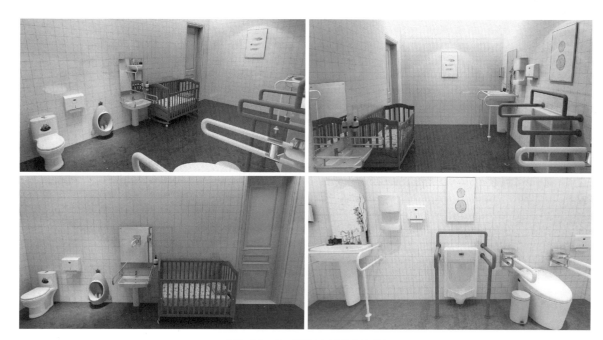

图8-35 12m²第三卫生间效果图

14m²第三卫生间是异形空间，为半圆造型，专为不规则空间建造提供参考借鉴。该第三卫生间里面装配有：婴儿床、安全座椅、洗手液盒、无障碍洗手池、烘手机、擦手纸机、无障碍小便池、废纸篓、无障碍坐便器、卫生卷纸、紧急呼叫器、卫生纸盒、儿童坐便器、绿植盆栽、装饰画等（图8-36~图8-41）。

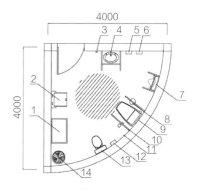

图8-36 14m²第三卫生间平面布置图

1—婴儿床；2—安全座椅；3—洗手液盒；4—无障碍洗手池；5—烘手机；6—擦手纸机；7—无障碍小便池；8—废纸篓；9—无障碍坐便器；10—卫生卷纸；11—紧急呼叫器；12—卫生纸盒；13—儿童坐便器；14—绿植盆栽

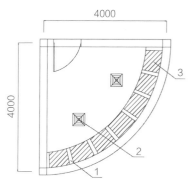

图8-37 14m²第三卫生间顶面图

1—铝扣板；2—抽风机；3—LED灯带

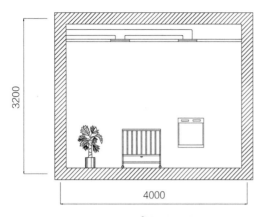

图8-38　14m²第三卫生间立面图1

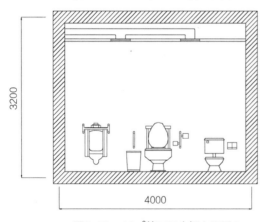

图8-39　14m²第三卫生间立面图2

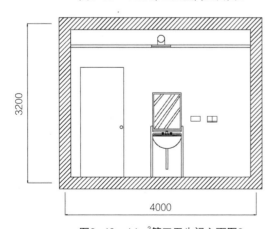

图8-40　14m²第三卫生间立面图3

图8-41　14m²第三卫生间效果图

8.5　第三卫生间的设计特性

第三卫生间空间设计的服务对象是老弱病残孕、婴幼儿及其家庭成员。这些都不能按常规的公共厕所的设计方法进行。通过对以上第三卫生间空间设计案例的分析，可以总结得出以下设计特性，以飨后人。

8.5.1　安全性设计

安全性对任何卫生间设计都是必不可少的伦理要求[①]，对第三卫生间空间设计而言，这点更为关键。因为第三卫生间的设立出发点就是为弱势群体及其家庭服务，从使用者的角度进行安全性设计是必备基础。第三卫生间的安全设计主要体现在结构安全、形态安全、心理安全。

结构安全设计：结构是功能的物质载体，结构的安全设计涉及整个第三卫生间的使用周期、整体稳定性，是长期可用、耐用的保障。结构安全设计包括两个方面：空间结构的安全设计、卫生洁具结构的安全设计。空间结构的安全设计主要体现在大部分方案采用方形的第三卫生间空间结构，因为方形结构既稳定又能最大化利用空间，还便于清洁维护；卫生洁具结构的安全设计主要体现在卫生洁具核心结构的稳定性上，第三卫生间的大部分卫生洁具的外置结构都带一些辅助支撑功能，外部材质质感偏软，但核心结构必须稳定，杜绝安全事故隐患。

形态安全设计：第三卫生间只有提供给人们直观看去便感到安全的形态设计，才能打动用户去体验。形态安全设计包括三个方面：形状的安全设计、色彩的安全设计、质感的安全设计。形状的安全设计主要通过卫生洁具的无障碍造型体现出来，如无障碍的小便池、坐便器、洗手池等；色彩的安全设计主要通过室内色彩营造的温馨氛围体现出来，如清新淡雅的地

面、墙面、顶棚，明亮的灯光等；质感的安全设计主要通过材料的选取体现出来，如防滑地砖、坚固扶手、耐用设施等。

心理安全设计：用户在使用第三卫生间过程中的心理安全是不可忽视的重要内容。心理安全设计包括两个方面：私密性设计、紧急求救设计。第三卫生间私密性设计较好处理，因为其自身就是一个单独闭合的空间，只有陪护家属才能一同进入；紧急求救设计可以通过室内安置的紧急呼叫报警器联系医疗部门，将身体出现不适的人员尽快送往邻近医院。

8.5.2　功能性设计

第三卫生间以功能为主导。同时，第三卫生间空间的功能设计不仅要实用，而且还要适用。这是由于第三卫生间的空间面积并不大，所以其内部每项设施都需具备一定的实用功能，并且要根据空间大小而进行调整。

通过表8-1可以看到，大型第三卫生间由于面积较大，成人卫生洁具、儿童卫生洁具、婴儿卫生洁具等各种设施齐全，功能完善。中型第三卫生间由于面积缩小，去掉了儿童穿衣镜、婴儿护理床，将成人洗手池、儿童洗手池合二为一，将无障碍洗手池与小便池合二为一，这使得一个设施同时具备了两种功能。小型第三卫生间由于面积进一步缩小，去掉了儿童小便池、儿童洗手池、儿童穿衣镜、婴儿护理床，只保留了儿童坐便器和婴儿护理架这两项婴幼儿设施。迷你型第三卫生间由于面积更小，去掉了成人洗手池、儿童坐便器、儿童小便池、儿童穿衣镜、婴儿护理床，将成人洗手池、成人小便池、成人化妆镜三者有机结合成一体，使一个设施同时具备了三种功能，并增设可折叠婴儿护理架。

目前，第三卫生间空间功能设计应提倡对儿童、

---

① 周燕珉，等. 住宅精细化设计［M］. 北京：中国建筑工业出版社，2008:175-191.

主要功能设施表 表 8-1

	大型第三卫生间	中型第三卫生间	小型第三卫生间	迷你型第三卫生间
紧急呼叫器	●	●	●	●
成人无障碍坐便器	●	●	●	●
成人无障碍小便器	●	●	●	●
无障碍扶手、支架	●	●	●	●
成人无障碍洗手池	●	●	●	
成人化妆镜	●	●	●	●
儿童坐便器	●	●	●	
儿童小便池	●	●		
儿童洗手池	●	●		
儿童穿衣镜	●			
婴儿护理床	●			
婴儿护理板/架		●	●	●

注：●表示有该项设施。

老年人、残疾人的卫生洁具共用性设计理念，设计的着眼点应在于让社会上更多的弱势群体感受到世界的温暖上。

8.5.3 多样性设计

第三卫生间的服务对象包括老年人、残疾人、孕妇、儿童、婴幼儿及陪护家属，这就决定了用户群体的多样性，针对多样化人群就必须提供多样化的服务，满足各种不同需求。所以，进行多样性设计是第三卫生间空间设计的主要内容（图8-42）。

第三卫生间在现实使用过程中主要有以下几种情况：女儿协助父亲，儿子协助母亲，母亲协助男童，父亲协助女童，夫妻间一方或双方都是残疾人需协助，携带婴儿外出，爷爷协助孙女，奶奶协助孙子等。这就要求设计师必须在同一空间中，构建多样性设计。

第三卫生间多样性设计可以分为三种：构建无障碍坐便器、小便器、洗手池的空间设计可以解决针对女儿协助老父亲、儿子协助老母亲、夫妻间一方或双方都是残疾人需一起上卫生间的情况；构建儿童坐便器、小便器、洗手池的空间设计可以解决母亲协助男童、父亲协助女童、爷爷协助孙女、奶奶协助孙子上卫生间的情况；构建婴儿床、婴儿护理台、储物架的空间设计可以解决婴儿外出以及换尿布或喂奶的情况。

开展多样性设计，不仅可以满足用户的各种需求，同时相比较传统男女型公共卫生间的呆板僵化，多样性设计能够使第三卫生间充满活力，最大化发挥自身能量。

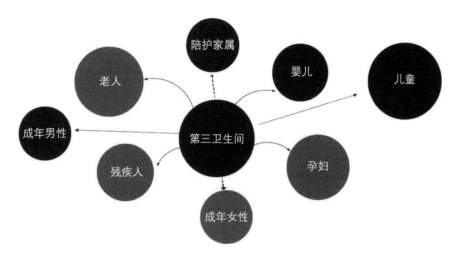

图8-42　第三卫生间用户群分解图

8.5.4　舒适性设计

第三卫生间舒适性设计主要体现在提供单独的卫生空间、舒适的卫生洁具、明亮的照明氛围、家庭般的环境营造。

第三卫生间都是一个单独的空间，方便弱势人群及家庭在里面单独使用，虽然面积不大，但会让人们产生安全感，使其紧张的心情可以得到放松，不会觉得压抑。舒适的各种卫生洁具、无障碍设施都会方便人们体验使用，享受到如厕带来的快乐。明亮的照明氛围，可以为室内空间提供充足的光线，便于人们使用各种功能设施。家庭般环境的营造，淡雅清新的室内色调、墙上搭配的装饰水墨画、洗手台旁点燃的熏香，都会给人们一种家的温馨感，就像在自己家里的卫生间一样。

开展舒适性设计可以使第三卫生间空间最大限度地体现实用价值和审美价值，满足人们生理卫生和审美心理的需要，创造良好的用户体验，达到使用功能和审美功能的有机统一。

设计是人类实践活动有意识、有目的的表现，它为各种目标的实现架设了桥梁。它以观念的构思形成产品的表象，作为生产的前提，使生产活动依据人的自觉目的来进行。设计是一种综合过程，它构成了各种文化形态的联结点。建筑环境和产品设施的设计从属于器物文化，但它要以科技即智能文化为基础，把社会、经济和文化有机结合起来。因此，设计实质上是一种文化整合过程[1]。当前，开展第三卫生间的空间设计就是这种文化整合过程的代表。

著名建筑师阿尔瓦·阿尔托[2]曾说过："建筑师的任务是给予结构以生命。"他设计的建筑总是那么充

① 徐恒醇. 设计美学［M］. 北京：清华大学出版社，2006:93.
② 阿尔瓦·阿尔托（Alvar Aalto，1898年2月3日—1976年5月11日），出生于芬兰的库奥尔塔内小镇，芬兰现代建筑师，人情化建筑理论的倡导者，被称为"建筑大暖男"，同时也是一位设计大师及艺术家。主要代表作品有帕伊米奥结核病疗养院、维普里市公共图书馆、珊纳特赛罗市政厅、玛利亚别墅、Savoy花瓶、曲线木材椅子等。

满温度，富有人情味。走入他设计的建筑作品中，人们总能看到壁炉、植物以及大量充满惊喜的细节。他热衷于使用木材，并和他的妻子阿诺·玛赛奥，将木材巧妙地模压成流畅的曲线，设计出了20世纪30年代最具创新的椅子。因为木材具有与人相同的特质，自然，温情。虽然阿尔瓦·阿尔托生活在战火纷飞的年代，但他没有救世主一般的英雄主义情结，他对待每一栋建筑，都像对待每一个不同的个体一样，用全部的谦卑，去服务每一个拥有温度的"生命"。所以，第三卫生间的设计建造也可以借鉴阿尔瓦·阿尔托先生的设计理念，从富有人情味、实用、自身的需求出发。本章的六个方案都是基于人文关怀下的第三卫生间空间设计，每一个设计案例都是按照不同面积大小，进行的侧重于安全性、功能性、多样性、舒适性的设计，都极具人情味。

当前，探索第三卫生间空间设计模式，也是进一步优化城市卫生系统建设，提高公共卫生服务意识的重要体现。第三卫生间空间设计的不断深入、完善，也有助于文明城市的创建，带动城市经济发展，提升城市形象。

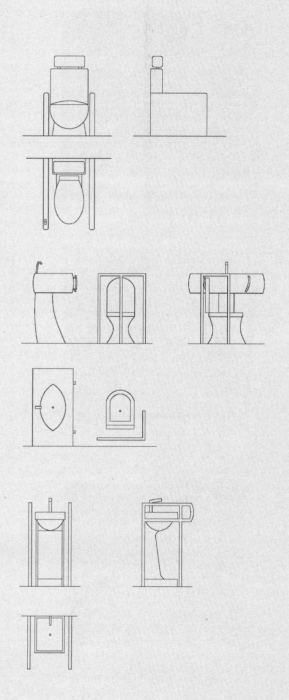

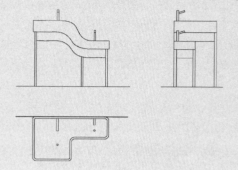

第 9 章

第三卫生间的建筑
模型制作

建筑模型是设计方案的实体预想效果。设计者可以利用现实的材料、各种模型加工工艺手段、各类模型制作工具，使二维图纸的预想效果图在三维空间中最真实地呈现出来。本章主要介绍六个不同大小的第三卫生间创意设计，并将每个建筑模型、陶艺作品的制作过程，清晰地展现出来，让读者能够更深层次地认识和理解第三卫生间。

9.1 迷你型空间陶艺作品制作

根据设计图纸，采用陶瓷艺术的表现形式，设计师按照1：100的比例，制作了5m²的迷你型第三卫生间模型。该陶艺作品经过上釉，高温烧制，形成独特的艺术观感（图9-1~图9-13）。

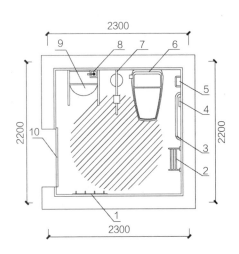

图9-1 5m²第三卫生间平面布置图

1—挂衣架；2—置物架；3—无障碍扶手；4—紧急呼叫器；5—免洗洗手液；6—无障碍成人自动换套坐便器；7—垃圾桶；8—洗手台；9—无障碍成人儿童两用小便池；10—单边拉门

图9-2 正视图1

图9-3 正视图2

图9-4 正顶视图

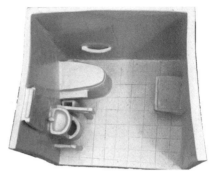

图9-5 正透视图

图9-6 侧顶视图

图9-7 鸟瞰图

图9-8 洁具透视

图9-9 墙角造型

图9-10 洁具细节

图9-11 地面造型

图9-12 无障碍洗手池和小便池一体化

图9-13 婴儿护理台

9.2 小型空间建筑模型制作

　　根据设计图纸，采用建筑模型的表现形式，设计师按照1：100的比例，制作了7m²的小型第三卫生间模型（图9-14~图9-35）。

9.3 中型空间建筑模型制作

　　根据设计图纸，采用建筑模型的表现形式，设计师按照1：100的比例，制作了9m²的中型第三卫生间模型（图9-36~图9-71）。

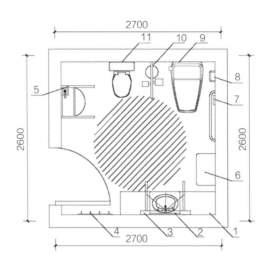

图9-14　7m²第三卫生间平面布置图

1—储物台；2—洗手池；3—超薄电视机；4—挂衣架；5—成人儿童共用节水小便池；6—可折叠的多功能台；
7—警报器；8—免洗洗手液；9—无障碍成人自动换套坐便器；10—垃圾桶；11—儿童自动换套坐便器

图9-15　图纸准备

图9-16　地面切割

图9-17　卫生洁具制作

图9-18　洗手台

图9-19　化妆镜

图9-20　无障碍坐便器

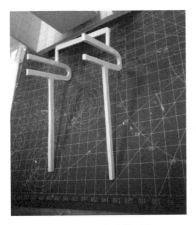

图9-21　无障碍扶手架

图9-22　无障碍小便池

图9-23　空间透视

图9-24　卫生洁具细节

图9-25　无障碍小便池
顶视图

图9-26　通风管道切割

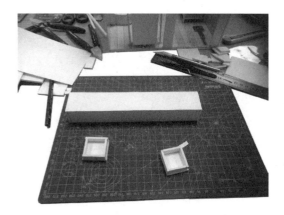
图9-27 通风管道与顶棚抽风机制作

图9-28 顶棚透视1

图9-29 顶棚透视2

图9-30 入口透视

图9-31 顶棚布置

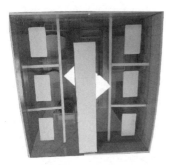
图9-32 顶棚效果

图9-33 安装完成

图9-34 整体效果1

图9-35 整体效果2

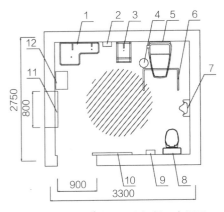

图9-36 9m²第三卫生间平面布置图

1—亲子洗手池；2—"刷脸"厕纸机；3—可洗手小便池；
4—废纸篓；5—智能坐便器；6—移动扶手架；7—精灵小便池；
8—小熊坐便器；9—厕纸盒；10—可折叠电动门；
11—多功能婴儿台；12—可移动垃圾箱

图9-37 卫生洁具制作

图9-38 成人洗手台

图9-39 亲子洗手台

图9-40 一体化洗手池与小便池

图9-41 智能坐便器

图9-42 可移动无障碍支撑架

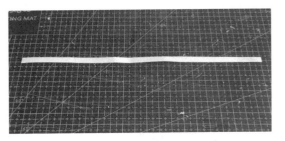

图9-43 移动分类垃圾箱顶盖条

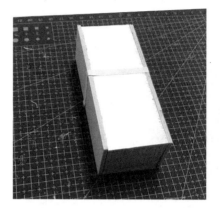

图9-44 移动分类垃圾箱主体

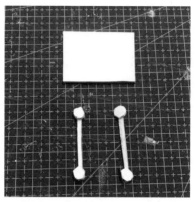

图9-45 移动分类垃圾箱顶盖与滑轮

图9-46 移动分类垃圾箱造型完成

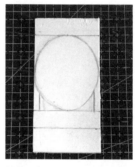

图9-47 儿童坐便器切割

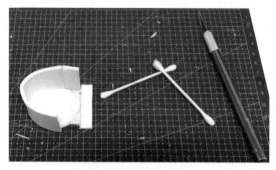

图9-48 儿童坐便器制作

图9-49 儿童坐便器整体完成

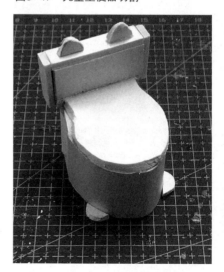

图9-50 儿童坐便器细节完成

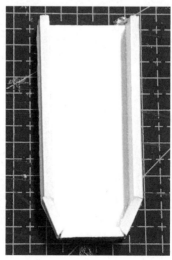

图9-51 儿童小便池制作

图9-52 儿童小便池完成

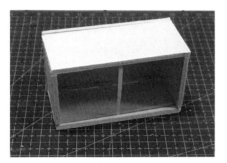

图9-53　儿童玩具储存台

图9-54　儿童玩具储存台周边墙
体切割

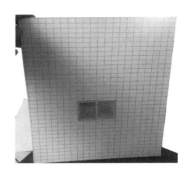

图9-55　儿童玩具储存台周边墙
体贴纸

图9-56　婴儿护理台切割制作

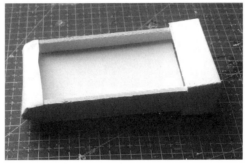

图9-57　婴儿护理台制作完成

图9-58　亲子洗手台与
化妆镜

图9-59　刷脸手纸机

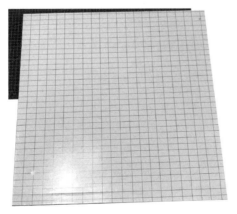

图9-60　墙面贴纸

图9-61　墙体与地面组装

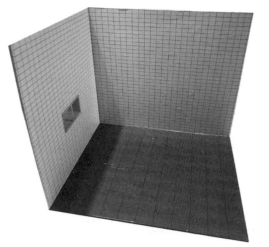

图9-62 墙体与墙体组装

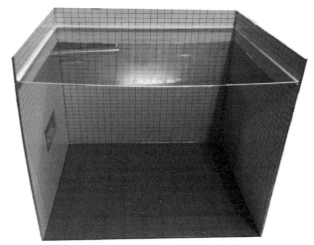

图9-63 顶棚架设

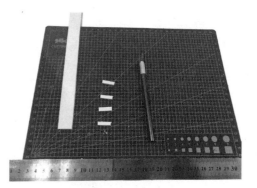

图9-64 抽风通道制作

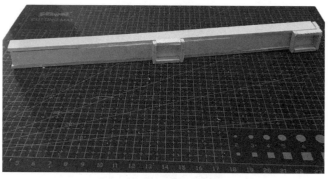

图9-65 抽风通道完成

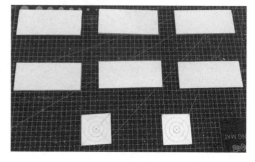

图9-66 灯具与抽风机制作

图9-67 顶棚完成

图9-68　模型正视图

图9-69　模型侧视图

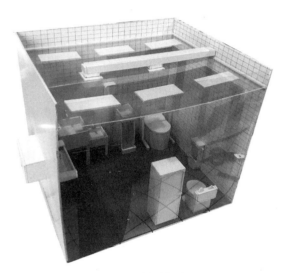

图9-70　模型鸟瞰图

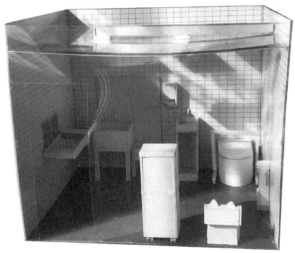

图9-71　模型入口图

9.4　大型空间建筑模型制作

　　根据设计图纸，采用建筑模型的表现形式，设计师按照1∶100的比例，制作了11m²的中型第三卫生间模型（图9-72~图9-100）。

　　根据设计图纸，采用建筑模型的表现形式，设计师按照1∶100的比例，制作了12m²的大型第三卫生间模型（图9-101~图9-131）。

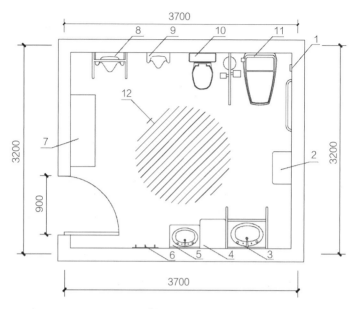

图9-72　11m²第三卫生间平面布置图

1—紧急呼叫器；2—儿童安全座椅；3—无障碍成人洗手盆；4—储物台；5—儿童洗手池；6—挂衣钩；7—婴儿护理台；
8—无障碍成人小便器；9—儿童小便器；10—儿童坐便器；11—无障碍成人自动换套马桶；12—直径为1.5m的轮椅回旋余地

图9-73　卡纸准备

图9-74　图纸准备

图9-75　贴纸准备

图9-76　贴纸切割

图9-77　卡纸打磨

图9-78　坐便器底座制作

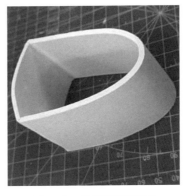

图9-79　坐便器底座完成

图9-80　坐便器底座调整

图9-81　坐便器盖板制作

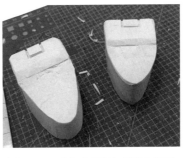

图9-82　成人坐便器与儿童坐便器

图9-83　成人小便池站立图

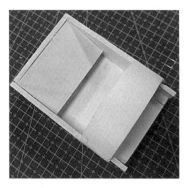

图9-84　成人小便池主体图

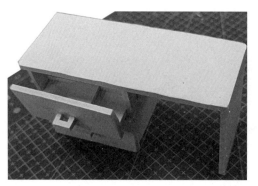

图9-85　洗手台制作

图9-86　无障碍扶手架卡
纸绘制

图9-87　无障碍支架完成

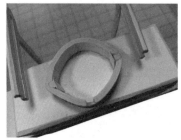

图9-88　洗手池架设

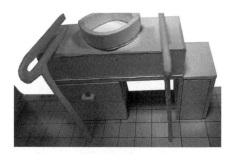

图9-89　无障碍洗手台完成

图9-90　婴儿床支架制作

图9-91　婴儿床制作

图9-92　婴儿床完成

图9-93 装饰画制作

图9-94 墙面储物架与墙面装饰画

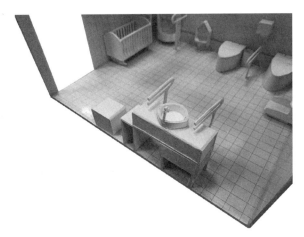

图9-95 无障碍洗手台透视图

图9-96 卫生洁具细节图

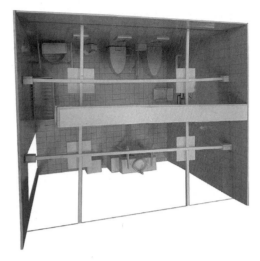

图9-97　整体空间顶视图

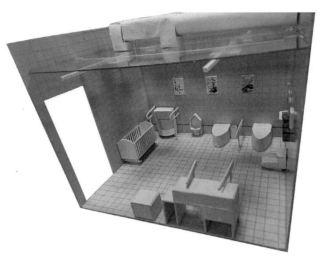

图9-98　整体空间透视图

图9-99　整体空间正视图

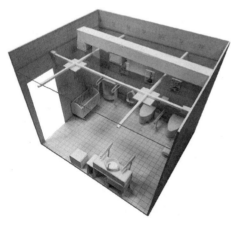

图9-100　整体空间鸟瞰图

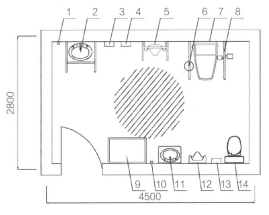

图9-101　12m² 第三卫生间平面布置图

1—洗手液盒；2—无障碍洗手池；3—烘手机；4—卫生纸盒；
5—无障碍小便池；6—废纸篓；7—无障碍坐便器；8—卫生纸卷轴；
9—婴儿床；10—儿童洗手液盒；11—儿童洗手池；12—儿童小便池；
13—卫生纸盒；14—儿童坐便器

图9-102　图纸准备

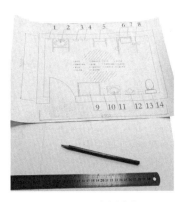

图9-103　卡纸准备

图9-104　卡纸切割

图9-105　卡纸打磨

图9-106　成人、儿童坐便器主体

图9-107　坐便器与坐便器盖板

图9-108　坐便器胶粘盖板

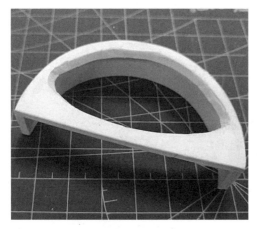
图9-109　成人洗手池制作

图9-110　成人洗手池打磨

图9-111　成人洗手池完成

图9-112　儿童洗手池完成

图9-113　儿童小便池制作1

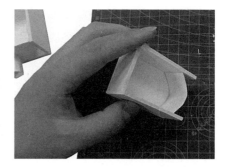
图9-114　儿童小便池制作2

图9-115　成人小便池完成

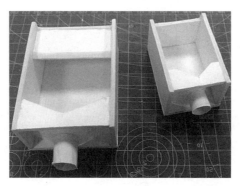
图9-116　成人与儿童小便池完成

图9-117　婴儿床栏杆制作

图9-118 婴儿床完成

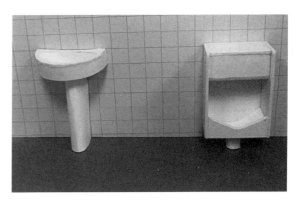

图9-119 儿童洗手池与儿童小便池完成

图9-120 成人坐便器与垃圾桶

图9-121 无障碍扶手架制作

图9-122 无障碍扶手架完成

图9-123 卫生洁具成型图

图9-124 卫生洁具细节图

图9-125 卫生洁具完成图

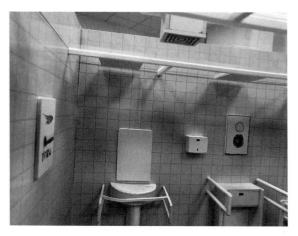

图9-126 空间细部造型图

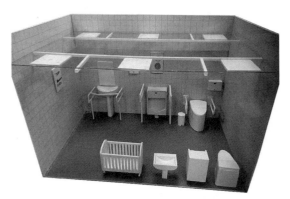

图9-127 整体空间透视图

图9-128 整体空间顶部图

图9-129 整体空间侧顶部图

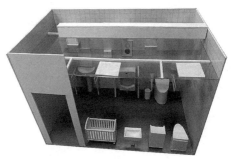

图9-130 整体空间鸟瞰图

图9-131 整体空间完成图

根据设计图纸，采用建筑模型的表现形式，设计师按照1：130的比例，制作了14m²的大型第三卫生间模型（图9-132~图9-162）。

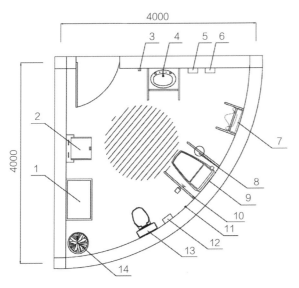

图9-132　14m²第三卫生间平面布置图

1—婴儿床；2—安全座椅；3—洗手液盒；4—无障碍洗手池；
5—烘手机；6—擦手纸盒；7—无障碍小便池；8—废纸篓；
9—无障碍坐便器；10—卫生卷纸；11—紧急呼叫器；
12—卫生纸盒；13—儿童坐便器；14—绿化植栽

图9-133　图纸准备

图9-134　卡纸准备

图9-135　房门开槽

图9-136　地面完成

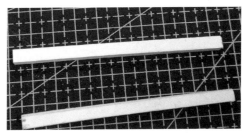

图9-137　婴儿床长栏杆制作

图9-138 婴儿床短栏杆制作

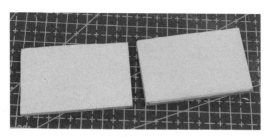

图9-139 婴儿床护板制作

图9-140 婴儿床完成图

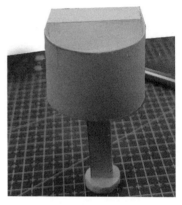

图9-141 洗手池完成图

图9-142 小便池完成图

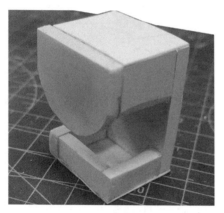

图9-143 烘手机完成图

图9-144 植物盆栽完成图

图9-145 成人坐便器完成图

图9-146 儿童坐便器完成图

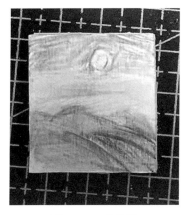

图9-147　装饰画

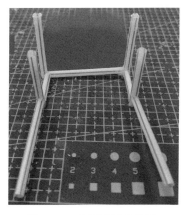

图9-148　无障碍支架制作

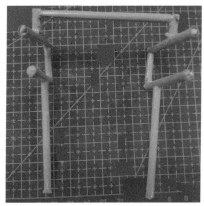

图9-149　无障碍支架上色

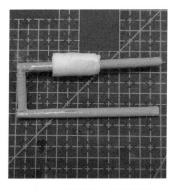

图9-150　无障碍支架局部造型

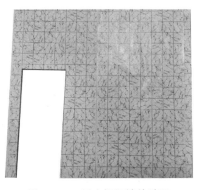

图9-151　卫生间门墙体贴图

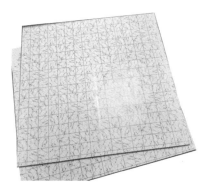

图9-152　墙体贴纸完成图

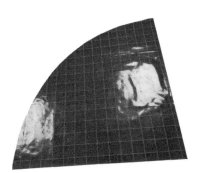

图9-153　地面贴纸完成图

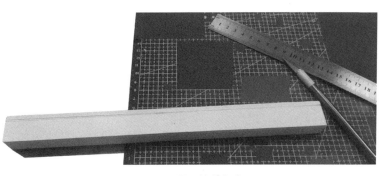

图9-154　通风管道完成图

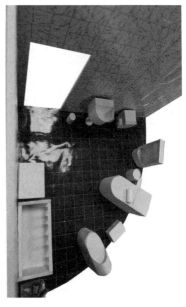

图9-155　局部造型图

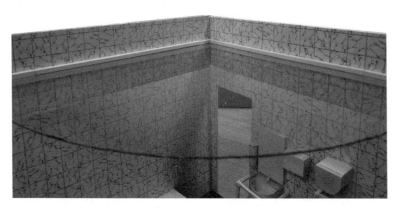

图9-156　顶棚架设图

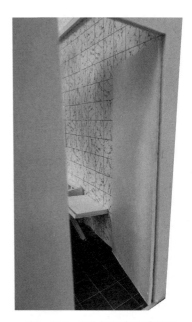

图9-157　卫生间门安装成型图

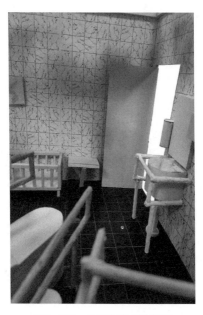

图9-158　洗手池局部造型图

图9-159　婴儿床造型图

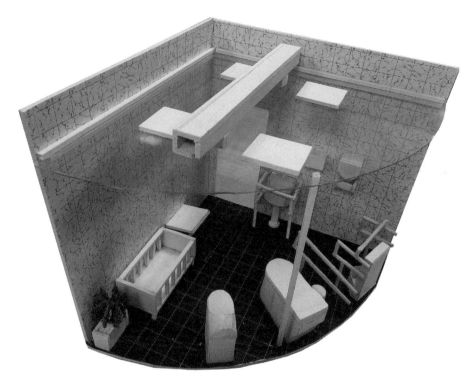

图9-160　整体空间鸟瞰图

图9-161　整体空间透视图

图9-162　整体空间完成图

9.5　建筑模型制作、陶艺作品制作的意义

在现代艺术中，陶艺已作为一个独具品格的艺术门类，日益受到人们的关注和重视。无论东方还是西方，现代陶艺以其特有的艺术语言、艺术创造过程及其价值，开辟了现代艺术的新天地。它不同于绘画，也不同于雕塑。从本质上说，它是工艺的，但人们常把它与工艺品相区别。它从传统中走来，但人们更多地注重着它的现代品质。中国文明中的金、木、水、火、土五大自然物象，以土与火相生，又与金、木、水相系。工匠艺人操持了几千年的东西，在21世纪大师的手中诞生出了崭新的意义。现在几乎到了谈论现代艺术不能不议论陶艺，不能不关注其存在的地步。从人生的角度而言，陶艺与现代人的关系比其他艺术与人的关系显得更为贴近和实在①。

用陶艺制作的艺术表现形式，按1：100的比例尺将5m²的迷你型第三卫生间模型空间营造出来，给人一种科技与艺术相结合的美感，也带来浓厚的厕所文化气息。这对弘扬厕所文化中的健康观，宣传大众文明如厕，进行第三卫生间的认知推广，都是十分有效的。

在现代设计中，模型已作为建筑学、城市规划、风景园林、环境设计、产品设计等专业的方案展示手段，需要通过反复研讨、推敲分析、不断修改来求得最佳的设计效果。模型作为对设计理念的具体表达，就成为设计师、开发商、使用者之间的交流"语言"，而这种"语言"，即设计"物"的形态是在三维空间中所构成的仿真实体。

模型的概念可简明定义为"概念设计"或"实物设计"的模拟展现，因其应用的领域不同，而有着不同的定义和解释，按设计表达的角度基本可分为"概念模型"和"实体模型"两类。前者如物理模型、数学模型等，属于抽象和理论的研究范畴；后者如产品模型、建筑模型、规划模型、军事沙盘等，属于设计实体和策划预期效果实体形象的直观表现，即对设计预想的某种实物进行实际尺度和增缩尺度比例展现物象的制作手法。本章所述的六个第三卫生间创意设计建筑模型制作，就属于实体模型制作类。实体模型表现手法超越了平面、立面、剖面、透视图、效果图及电脑动画等所能表达的效果，是占据空间的立体作品。由此可见，制作模型的目的在于充分发挥三维实体所独具的优势，进一步说明设计方案，使设计效果更接近最终实际形态②。

建筑是凝固的音乐，构成人类造物或设计文化的重要篇章。建筑与规划模型制作，从工艺程序到技术加工，从初步方案到完善实施，都体现了理性的思考方式，而建筑模型与浓缩景观规划的再创作，有着对美好生活的追求与感受，展现出完美的艺术形式。只有科技与艺术融合、理性与感性并重，才能出现好的作品。用模型构思，用模型推敲，用模型研究，用模型表现，是本章撰写内容的主线。笔者希望将实体模型这种三维设计工具在整个第三卫生间创意设计过程中运用，而不是仅仅在成果表现阶段发挥作用，进一步加深社会大众对其的认知。

当前，第三卫生间是折射城市民生的重要窗口，也是事关百姓生活的关键小事。小事不小，能决定一座城市"高度"的不是摩天大楼，而是像第三卫生间这样的细微之处。我国的第三卫生间出现至今还不足10年，社会大众对其的接受度也不算太高，其设计及建造还属于发展阶段。本章将第三卫生间创意设计的陶艺作品、建筑模型的制作过程清晰地展示出来，期望能为人们今后的实际建造提供参考。

---

① 李砚祖. 现代艺术的骄子——陶艺随想录［J］. 文艺研究，1990（3）:113-132.
② 傅祎，黄源. 建筑的开始——小型建筑设计［M］. 北京：中国建筑工业出版社，2011:43-82.

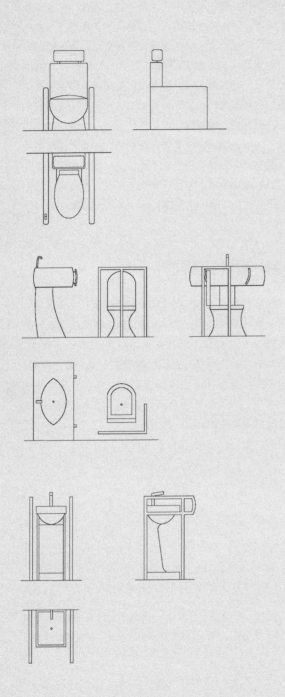

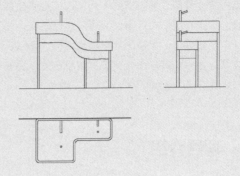

第 10 章

第三卫生间的建筑
实体制作

本章内容主要来源于笔者2020年秋季，前往江苏重明鸟厕所人文科技股份有限公司（盐城公厕生产工厂）进行企业考察，学习到的一个第三卫生间建筑实体项目。由于自身长期从事公共厕所设计研究，虽积累了一些学术成果，但缺乏实际项目经验。所以，利用这次企业考察机会，学习先进的厕所设计、厕所建造、厕所管理的项目经验。

10.1　项目介绍

该第三卫生间位于江苏省盐城市亭湖区长亭路网红①②公共厕所内，由江苏重明鸟厕所人文科技股份有限公司③设计建造。2020年10月建造完工，并正式面向社会大众开放，免费使用。该第三卫生间最大的亮点为健康检测马桶、扫码取纸机。健康检测马桶真正实现了无创无扰尿检，通过APP或指纹识别就可以开启马桶内置生物检测，深度收集生命数据。扫码取纸机采用"伸手感应取纸、向正下方拉断、扫码再次取纸"等步骤，使用户形成智能环保的使用感受。高低位洗手台方便成人和儿童同时使用，进行亲子交流。智能马桶旁边的无障碍扶手架方便肢体障碍者起身、坐下。智能马桶旁的紧

急呼叫按钮，方便弱势用户紧急求救。同时，配备了儿童坐便器、幼儿安全座椅、可折叠婴儿护理台等专为儿童使用的卫生洁具设施。在入口处配置可折叠座椅，方便陪护家属坐歇。第三卫生间大门上方的标志，以中文、英文、韩文的形式温馨展示出第三卫生间的人文关怀性。在标志牌的上方还设置了有人、无人的液晶显示器，方便外部人员观察。第三卫生间入口配置的缩拉门节省了内部空间，方便弱势人士进出。一处墙体配备了高位玻璃窗，方便内部空气流通；另一处墙体配备了直立型隐私玻璃幕墙，方便内部空间采光。整座第三卫生间采用红、白、黑的主色调，显得时尚而温馨。

10.2　设计工程图

长亭路网红公共厕所的建筑使用面积为150m²，属于一类城市公共厕所④。本套设计工程图纸主要针对其第三卫生间部分，建筑使用面积为8.55m²，包含：长亭路公共厕所平面布置图、第三卫生间平面布置图、第三卫生间地面铺装图等10张图纸。本文旨在将这座第三卫生间设计图纸完整展示出来，以为人们今后的建造提供蓝本（图10-1~图10-10）。

---

① 敖鹏. 网红为什么这样红？——基于网红现象的解读和思考［J］. 当代传播，2016（4）:40-44.
② 网红：即"网络红人"（Influencer），指在现实或者网络生活中因为某个事件或者某个行为而被网民关注从而走红的人或长期持续输出专业知识而走红的人。来源：百度百科。
③ 江苏重明鸟厕所人文科技股份有限公司成立于2017年，创始人为钱军先生。该公司前身为昆山昱庭公益基金会，专注于公共卫生、环境生态等创新公益领域。该公司先后承接北京城区厕所改造项目，为北京故宫提供厕所产品，承接武汉东湖一期、二期厕所革命项目，承接武汉江夏厕所革命项目，承接江苏盐城6座网红厕所革命项目等。该公司力争尽快上市，做我国厕所行业领导品牌。
④ 中国建筑标准设计研究院. 城市独立式公共厕所：07J920［S］. 北京：中国计划出版社，2008:3-20.

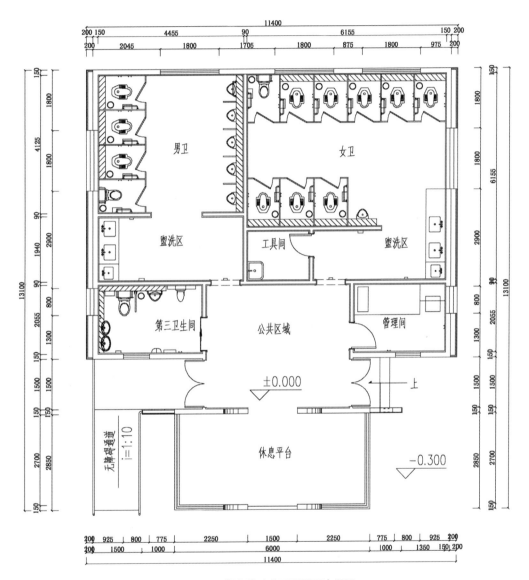

图10-1 长亭路公共厕所平面布置图

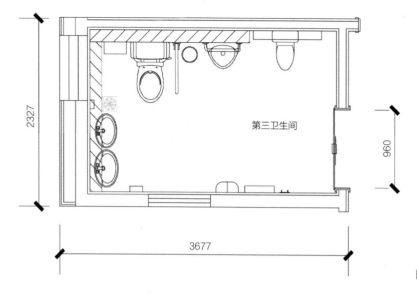

2327

960

3677

第三卫生间

图10-2　第三卫生间平面布置图

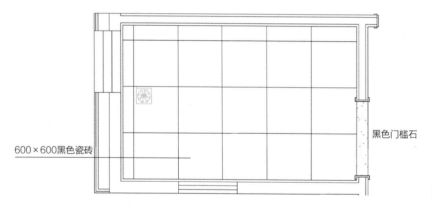

600×600黑色瓷砖

黑色门槛石

图10-3　第三卫生间地面铺装图

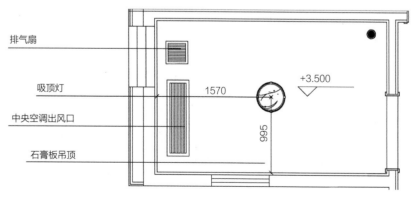

排气扇

吸顶灯

中央空调出风口

石膏板吊顶

1570

+3.500

995

图10-4　第三卫生间顶棚灯具
布置图

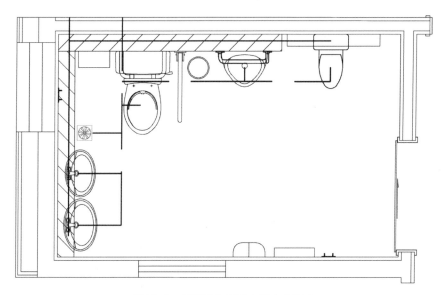

图10-5　第三卫生间给水排水点位图

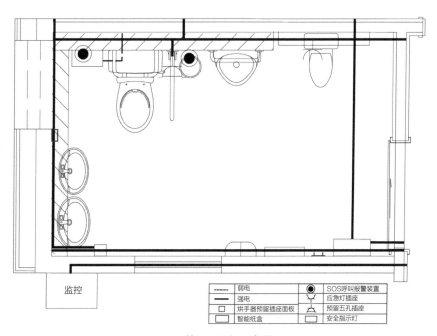

监控

弱电		SOS呼叫报警装置
强电		应急灯插座
烘手器预留插座面板		预留五孔插座
智能纸盒		安全指示灯

图10-6　第三卫生间配电平面图

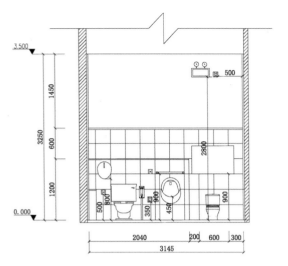

图10-7　第三卫生间立面图1

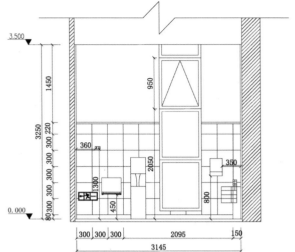

图10-8　第三卫生间立面图2

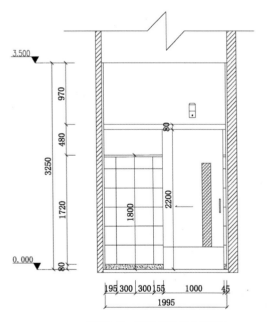

图10-9　第三卫生间立面图3

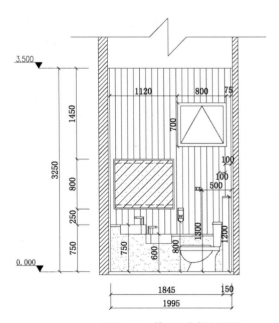

图10-10　第三卫生间立面图4

10.3 建筑竣工图

江苏省盐城市亭湖区长亭路的"网红公共厕所"是一座现代舒适、生态智能、免费温馨的公共服务设施。建筑主体为装配式结构，整体造型为新·中式风格①，入口大厅采用三角形屋顶设计，玻璃幕墙材质，将自然光线充分地引入进来。入口墙体采用马头墙的造型，开阔的室内空间，都是古典与现代、传统与时尚的完美结合。经过这里的市民朋友，都会进去试试，感受现代公共厕所的魅力，所以该公厕被当地民众称为网红厕所。

该第三卫生间的另一亮点为采用自然采光与人工采光相结合的形式。法国建筑大师勒·柯布西耶②倡导"光的三位一体"。朗香教堂（建于1950—1955年）的主要特点源于不断变换的日升、日落。朝阳照亮了侧堂的壁龛，把涂成红色的空间变得更红。这种微红

的晨光与人类的降生有明显的相似性。随后，太阳从东墙和南墙之间的缝隙中倾泻而出，光线从南墙的深洞中穿过。10cm宽的水平小裂缝将屋顶从墙上架起来，与东南角垂直的遮阳装置形成了强烈的对比。日落时分，教堂另一侧的开口透过温暖的光芒。而该第三卫生间也是充分使用自然采光的元素，在其两面墙体上都安装了采光窗，这在公共厕所设计中是不多见的，很好地把自然光运用到第三卫生间的空间中，在白天营造出明亮、干净的第三卫生间使用光环境。当然，夜间则依靠顶部的吊灯，让室内空间同样明亮、整洁。本套实景图片包含：长亭路小新河路公厕外观图、第三卫生间全景图、家属陪护座椅、幼儿安全座椅等10余张图例。本文旨在将这座第三卫生间的建筑实体完整地展示出来，以为人们今后的建设提供借鉴（图10-11~图10-23）。

图10-11　长亭路公共厕所外观图

图10-12　第三卫生间全景图

---

① 新中式风格是中式元素与现代材质巧妙兼柔的布局风格，它同明清家具、窗棂、布艺床品相互辉映，经典地再现了移步变景的精妙小品。新中式风格还继承明清时期家居理念的精华，将其中的经典元素提炼并加以丰富，同时改变原有空间布局中等级、尊卑等封建思想，给传统家居文化注入了新的气息。

② 勒·柯布西耶（Le Corbusier，1887年10月6日—1965年8月27日），出生于瑞士拉绍德封，法国建筑师，是现代主义建筑的主要倡导者，是机器美学的重要奠基人，被称为"现代建筑的旗手"，是功能主义建筑的泰斗，被称为"功能主义之父"。设计过很多建筑作品，主要有朗香教堂、萨伏伊别墅、马赛公寓、卡彭特视觉艺术中心等。

图10-13　家属陪护座椅、幼儿安全座椅　　　　　　图10-14　扫码监测尿液说明

图10-15　智能坐便器　　　　　　　　　图10-16　儿童坐便器、可折叠婴儿护理台

图10-17　高低位洗手台

图10-18　扫码出纸机说明

图10-19　自动洗手液机

图10-20　自动烘手机

图10-21　伸缩拉门

图10-22　隐私玻璃

图10-23　第三卫生间标志牌

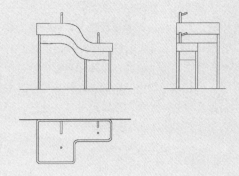

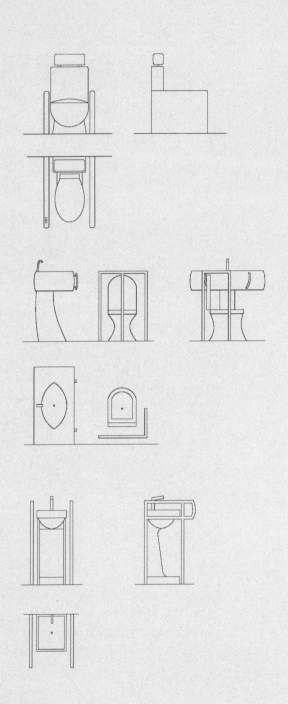

第 11 章

疫情时代下第三卫生间的
防护设计探讨

2020年年初，笔者刚主持教育部人文社会科学研究青年基金项目时，就遇上了新冠肺炎疫情，时至今日人类还未战胜这场疫情，所以课题组结合该背景开展了专项研究。目前，我国新冠肺炎疫情防控取得了阶段性胜利，但尚未结束，疫情防控成为新常态。为切断和减少病毒的传染途径，设计师应积极参与到后疫情时代下的防控工作中。本章通过第三卫生间防护设计探讨，探索构建健康的公共出行环境途径，以保障人民群众的身体健康与生命安全。

11.1　新冠肺炎疫情发展动态

新型冠状病毒肺炎（Corona Virus Disease 2019，COVID-19），简称"新冠肺炎"，世界卫生组织命名为"2019冠状病毒病"，是指2019新型冠状病毒感染导致的肺炎。新型冠状病毒是以前从未在人体中发现的冠状病毒新毒株。人感染了冠状病毒后，常见体征有发热、咳嗽、气促和呼吸困难症状等。在较严重病例中，感染可导致肺炎、严重急性呼吸综合征、肾衰竭，甚至死亡[1]。

截至2022年4月2日10点，我国新冠肺炎疫情最新情况为，新增114286人，累计480140人，治愈188306人，死亡13436人，各省份情况见表11-1[2]。

我国各省份疫情统计汇总表（人）

表11-1

地区	新增	累计	治愈	死亡
香港	111924	298237	48654	7945
吉林	1730	32156	10582	5
上海	262	6714	5037	7
台湾	235	23629	13742	853

续表

地区	新增	累计	治愈	死亡
四川	24	1776	1650	3
黑龙江	21	2443	2203	13
浙江	15	2410	2059	1
福建	13	2797	1896	1
江苏	12	2032	1967	0
山东	10	2590	2089	7
北京	8	1777	1702	9
海南	8	206	187	6
辽宁	5	1587	1233	2
广东	4	6596	6154	8
湖南	3	6596	6154	4
江西	3	1040	1006	1
云南	2	2069	2015	2
河北	2	1956	1717	7
广西	2	1483	1331	2
河南	1	2833	2694	22
天津	1	1788	1539	3
安徽	1	1040	1010	6
湖北	0	68391	63874	4512
陕西	0	3221	3154	3
内蒙古	0	1683	1672	1
新疆	0	997	993	3
重庆	0	691	675	6
甘肃	0	681	614	2
山西	0	310	296	0
贵州	0	174	170	2
宁夏	0	122	122	0
澳门	0	82	82	0
青海	0	32	32	0
西藏	0	1	1	0

① 李金明，张瑞. 新型冠状病毒感染临床检测技术［M］. 北京：科学出版社，2020:1-11.
② 该数据来自国家卫生健康委员会官方网站。

11.2　新冠疫情防护的必要性

2019年年底、2020年年初，湖北省武汉市发生了让人惊心动魄的新冠肺炎疫情。全国各地迅速组织医疗团队赶往武汉、支援武汉，打响战胜疫情的第一枪。在这场百年一遇的新型冠状病毒肺炎全球大流行中，我国科学家们只用了几周时间就找到了新型冠状病毒（以下简称新冠病毒）病原体。虽然2021年、2022年疫情有所反复，但我国广大人民群众陆续接种新冠疫苗，目前疫情在我国也已基本得到控制，但是境外疫情依旧十分严峻。

11.2.1　新型冠状病毒的高传染性

引起本次疫情传播的新型冠状病毒，具体有飞沫传播、接触传播、粪口传播三种形式，具有极高的传染性。据《河南省新冠肺炎疫情时空扩散特征与人口流动风险评估》报告表明[①]，不同年龄层的人群都有可能成为被感染对象，其中老年人群和体弱多病人群感染系数更高，除此之外，儿童和孕产妇也是易感人群，而第三卫生间的使用者主要就来自上面这些人群[②]。

11.2.2　第三卫生间的密切接触性

随着我国新冠疫情的缓和，复工、复学的开展，人与人的近距离接触率大大增高。尤其是国外归国人员，大规模的群体迁移人员，增加了病毒传播的可能性。在如此庞大的人员数量上，第三卫生间作为一个人们需要的公共场所，私密性强、交叉使用率高。因此，第三卫生间在防护设计上应采取有效的措施，在如厕过程中，尽可能地减少人与人之间的近距离接触。

11.2.3　人们对卫生防控意识的提升

此次疫情带来的伤害及损失，使人们对于卫生、空间、空气等环境极为重视，防控意识不断加强。在新冠肺炎疫情的防护中，钟南山、张文宏等多位医学专家给予了建议。例如，勤洗手、多通风、戴口罩、不聚集等，这些防控措施的目的是为了减少接触途径。因此，第三卫生间的公众防控设计应满足人们的防控需求及防控心理。

11.2.4　新型冠状病毒的变异性

当前新型冠状病毒已经开始变异，其变异的病毒达到上百种，给人们的呼吸系统不断造成伤害。变异病毒主要有阿尔法病毒（Alpha），贝塔病毒（Beta），伽玛、泽塔病毒（Gamma、Zeta），增量变体病毒（Delta），拉姆达病毒（Lambda），奥密克戎病毒（Omicron）等。这也给疫情防控带来了新挑战，防疫将成为一项长期工作，必须持之以恒，不断完善。

11.3　新冠疫情防护设计的方法探讨

11.3.1　红外线感应设置设计

在第三卫生间入口处，应设置红外线快速体温检测门。可根据如厕用户身高，自动调节测温探头，对额头部位进行近距离快速测温。在检测到异常温度时，会自动报警并进行语音提示，有效代替人工，减少人员接触。

---

① 刘勇，杨东阳，董冠鹏，张航，苗长虹. 河南省新冠肺炎疫情时空扩散特征与人口流动风险评估——基于1243例病例报告的分析［J］. 经济地理，2020（3）:24–32.
② 邹杰. 新冠疫情防控常态下城市公共卫生间改良设计研究［J］. 设计，2020（21）:158–160.

11.3.2 感应水龙头设计

设置感应水龙头，避免不同人接触与二次开、关的交叉感染。除此之外，感应水龙头在真空压力的作用下，能够减少阻塞现象的发生。与传统水龙头相比，感应水龙头具有如下优点：方便卫生，智能节水，避免人员接触。

11.3.3 自动清洁系统设计

在卫生间内墙面上设置自动清洁装置，在环境监测无人的情况下，自动清洁空间内的污水及污垢等，并使清洁与烘干形成连贯性动作。例如，在顶棚处安装消毒液喷雾装置，在第三卫生间无人的情况下，对室内空间进行全面喷盖，清除细菌。

11.3.4 真空便器系统设计

真空便器系统在我国民用航空业、高铁行业都有成熟的建造技术。如果能够将真空便器系统完整地运用到第三卫生间的坐便器、小便器等卫生洁具中，可以大幅减少新冠病毒的粪—口传播的概率，为使用者营造一个干净卫生的厕所空间。

11.3.5 通风设置设计

第三卫生间通风一般采用机械通风和自然通风。在机械通风设计中，在吊顶主体处设置机械排风，重点对排便区域进行合理的通风设计来进行换气补偿，利用机械通风的原理使卫生间空气保持清新和流动。在自然通风设计中，在门窗、屋顶处设置多个通风口，利用自然通风原理为第三卫生间提供健康环境。

11.3.6 绿化装置设计

可以在第三卫生间入口及出口处设置绿色植被，进行绿化装置设计。例如，栽植兰花、绿萝、龟背竹、月季、石榴、芦荟等，净化了室内空气的同时，也提升了卫生间的审美趣味和如厕品质。

11.3.7 恒温设施设计

由于第三卫生间的使用者是老年人、残疾人、孕妇、儿童、婴幼儿等，这些相比普通男、女卫生间更需要一个配置舒适的卫生空间。例如，武汉市的夏天较炎热、冬天较寒冷，这样的气候条件下，应该进行空调设施设计，保证第三卫生间恒温，有效避免因室内气温太冷或太热，而出现的不良身体反应。

11.3.8 防疫物资存放设计

可在第三卫生间内，设置专用防疫物资存放设施，并方便用户使用。例如，在洗手台、手纸盒、扶手架等区域设置防疫物资存放点。里面可提供：杀菌洗手液、酒精消毒喷雾、酒精消毒片、一次性医用口罩及手套、额头测温贴等物品。

11.4 新冠疫情防护设计的意义

11.4.1 改善卫生环境，提高管理服务档次

第三卫生间环境的好坏、第三卫生间管理服务水平的高低能直接影响用户的身体健康状况。卫生处理不到位，公共环境质量差，就容易滋生细菌和病毒，影响居

民健康，如由水污染造成的于19世纪爆发的霍乱。因此，后疫情时代下要重视改善第三卫生间环境空间设计，增配防护设施、提升防疫能力、细化管理内容、合理配备人员，增强对病毒和公共灾害的防护能力。

11.4.2 加快传染病防治公共空间系统建设

由于新冠病毒等传染病在人群中传播速度快、危害性强，所以需要加快构建传染病防护公共空间体系，争取建立设施健全、完善的第三卫生间防护设计系统。例如，按空间分类可制定：地面消毒标准、墙面消毒标准、顶棚消毒标准等。按设施分类可制定：各类洁具消毒标准、各类灯具消毒标准、各类家具消毒标准、各类扶手消毒标准、各类门窗消毒标准等。

11.4.3 加强室内空气流通，减少病菌感染机会

在这次新冠病毒的救治过程中，因房间密闭不畅而感染的病例屡见不鲜。按照国家卫生标准，室内空气中的二氧化碳浓度应小于1%，故在第三卫生间环境空间设计中必须满足国家卫生标准，保持室内空气流通，将第三卫生间尽量安置在靠公厕外墙处，增加有效的通风面积，尽可能用自然的方式实现室内空气换新与对流。同时，也应优化第三卫生间机械通风形式，维持健康的室内空气。

11.4.4 推进人工智能性，满足用户多样需求

人工智能是人类面向未来世界发展而形成的新兴技术，其具备扩展人的智慧、情感、理论、技术、方法及应用系统延伸、模拟的能力。对于第三卫生间设计应用而言，人工智能性更多地体现为厕所内部各种卫生洁具的智能化操作。例如：智能小便池、智能马桶、智能照明系统、智能除臭系统、智能节能系统、智能粪便检测系统等。这些智能化洁具在后疫情时代可以融入到城市大数据中，既能诊断用户身体，又能节约自然资源，节省人力成本。

11.4.5 借助信息可视化，形成科学性防护

近年来，信息可视化为人们提供了清晰的疫情情况，因而才没有形成慌乱。疫情期间推出的APP或者公众号中的健康码、绿码成为疫情防控的一大保障。第三卫生间也应如此，由于使用人群广泛，很容易给用户带来心理压力。而借助信息可视化技术，在第三卫生间入口设置用户扫码装置，将会促进社会公共服务以及防疫安全机制的准确运行，以此在未来人们前进的方向上才能更准确地避免危险。

11.4.6 延长开放时间，力争全天候使用

虽然第三卫生间的占地空间小，但用户范围广，适合进行快速全面的消毒防护。所以，在后疫情时代，可延长第三卫生间开放时间，力争全天候使用。这样不仅可以节约社会资源，还能提升人们如厕的舒适性。例如，每晚21点至第二天早8点间，在公园景区的公共厕所内可关闭男、女卫生间，只开放第三卫生间，满足夜间出行用户的如厕需要。

11.4.7 提升环卫从业人员的工作环境

在后疫情时代，环卫从业人员的工作环境也受到了极大挑战。设计师应拿出设计方案，改善从业人员的工作环境，彻底改变社会大众长期以来对环卫从业人员工作的歧视现象，这样才能充分体现环卫从业人员的劳动价值，调动其劳动积极性。第三卫生间的管理者也属于环卫从业人员范畴，因此需要改变他们的工作环境，促进第三卫生间的建设发展。

21世纪初，世界卫生组织（WHO）[1]就提出了"健康城市设计"的概念，这个以人为本的概念将人与城市、人与社区的健康需求定义为城市规划、城市设计进程的核心之一，并考虑到多维度的城市治理决策对人类健康和福祉的影响[2]。由此可见，设计师需要不断反思设计的本质，人与自然的关系，形成设计批评思维习惯，使设计参与能够关怀到人类的健康安全与可持续发展，形成良性的人居环境。

在新冠肺炎疫情防控常态下，人们也应深刻认识到自身的存在与病毒的繁衍共生。此次疫情在全球滋生，给各国都带来了不小的冲击以及新的挑战与机遇。

疫情以前我国的城市公共厕所优化设计已经发展至较为成熟的阶段，但此次疫情的突然爆发，凸显出公共厕所的防疫设计上还很薄弱，使人们不得不重新思考在疫情过去后，公共厕所优化设计的转变方向。

在新冠肺炎疫情出现期间，第三卫生间的改造和进化确实有必要，且可以作为预备方案来预防公共卫生突发事件的发生，可行性高，环保低碳，并且符合可持续发展理念。本章分析了后疫情时代第三卫生间防护的必要性，并探讨了第三卫生间防护设计，进而从理论上梳理出第三卫生间防护设计的意义，以期为今后第三卫生间的防疫设计以及环境改善带来积极的影响。

---

① 世界卫生组织（英文名称：World Health Organization，缩写WHO，中文简称"世卫组织"）是联合国下属的一个专门机构，总部设置在瑞士日内瓦，只有主权国家才能参加，是国际上最大的政府间卫生组织。世界卫生组织的宗旨是使全世界人民获得尽可能高水平的健康。世界卫生组织的主要职能包括：促进流行病和地方病的防治；提供和改进公共卫生、疾病医疗和有关事项的教学与训练；推动确定生物制品的国际标准。

② 肖伟，宋奕. 以快应变：新冠肺炎疫情下的"抗疫设计"思考［J］. 建筑学报，2020（Z1）:55-59.

图表编号	图表名称	图片来源
表1-1	用户群体数据分析	作者绘制
表1-2	用户认知度数据分析	作者绘制
表1-3	用户满意度数据分析	作者绘制
表1-4	用户需求度数据分析	作者绘制
表3-1	用户比较	作者绘制
表3-2	功能比较	作者绘制
表3-3	设施比较	作者绘制
表3-4	色彩比较	作者绘制
表3-5	造型比较	作者绘制
表3-6	所处场所比较	作者绘制
表8-1	主要功能设施表	作者绘制
表11-1	我国各省份疫情统计汇总表（人）	国家卫生健康委员会官方网站
图1-1	用户使用第三卫生间的主要形式	作者绘制
图1-2	用户在第三卫生间主要使用设施	作者绘制
图1-3	用户觉得第三卫生间应该布置的区域	作者绘制
图1-4	用户对第三卫生间配套设施的建议	作者绘制
图2-1	第三卫生间平面布置图	《城市公共厕所设计标准》C JJ14—2016
图2-2	无障碍卫生间平面布置图	《公共厕所设计导则》RISN-TG004—2008
图2-3	功能比较图	作者绘制
图2-4	设施比较图	作者绘制
图2-5	色彩比较图	作者绘制
图2-6	造型比较图	作者绘制

图表编号	图表名称	图片来源
图2-7	第三卫生间标志	《城市公共厕所设计标准》C JJ14—2016
图2-8	无障碍卫生间标志	《城市公共厕所设计标准》C JJ14—2016
图3-1	空间比较	作者绘制
图3-2	标志比较	作者绘制
图4-1	常规型	《公共厕所设计导则》RISN-TG004—2008
图4-2	人字型	作者绘制
图4-3	Y字型	作者绘制
图4-4	房屋型	作者绘制
图4-5	圆圈型	作者绘制
图4-6	字母型	作者绘制
图4-7	稳重型	作者绘制
图4-8	彩带型	作者绘制
图4-9	树叶型	作者绘制
图5-1	建筑类墙贴	WeCare WC
图5-2	影视类墙贴	作者拍摄
图5-3	长颈鹿墙贴	作者拍摄
图5-4	卫生洁具墙贴	WeCare WC
图5-5	身高标尺墙贴	WeCare WC
图5-6	小便池墙贴	WeCare WC
图5-7	休息区墙贴	WeCare WC
图5-8	说明墙贴	作者拍摄
图5-9	植物类墙贴	作者拍摄
图5-10	地方特色类墙贴	作者拍摄
图6-1	组合式无障碍卫生洁具	作者、杜清明绘制
图6-2	沙发坐便器	作者、王志鹏绘制
图6-3	亲子洗手池	作者、王志鹏绘制
图6-4	可洗手的无障碍小便池	作者、牛文豪、王浩军绘制

图表编号	图表名称	图片来源
图6-5	多功能婴儿护理台	作者绘制
图6-6	移动垃圾箱	作者绘制
图6-7	智能卫浴镜外观图	作者绘制
图6-8	智能卫浴镜展开图	作者绘制
图6-9	"刷脸"厕纸机	作者绘制
图7-1	移动型第三卫生间正立面图	作者绘制
图7-2	移动型第三卫生间平面布置图	作者绘制
图7-3	移动型第三卫生间车厢正立面图	作者绘制
图7-4	移动型第三卫生间车厢侧立面图	作者绘制
图7-5	移动型第三卫生间车厢平面布置图	作者绘制
图7-6	移动型第三卫生间效果图	作者绘制
图7-7	太阳能型第三卫生间一层平面布置图	作者绘制
图7-8	太阳能型第三卫生间二层平面布置图	作者绘制
图7-9	太阳能型第三卫生间外立面图	作者绘制
图7-10	太阳能型第三卫生间效果图	作者绘制
图7-11	树屋型第三卫生间立面图	作者绘制
图7-12	树屋型第三卫生间平面图	作者绘制
图7-13	树屋型第三卫生间效果图	作者绘制
图7-14	充电亭与无人售货亭的第三卫生间平面布置图	作者绘制
图7-15	充电亭与无人售货亭的第三卫生间正立面图	作者绘制
图7-16	充电亭与无人售货亭的第三卫生间侧立面图	作者绘制
图7-17	充电亭与无人售货亭的第三卫生间效果图	作者绘制
图7-18	雨水回收型第三卫生间正立面图	作者绘制
图7-19	雨水回收型第三卫生间侧立面图	作者绘制
图7-20	雨水回收型第三卫生间平面布置图	作者绘制
图7-21	雨水回收型第三卫生间效果图	作者绘制
图7-22	各单体卫生间平面图	作者绘制

图表编号	图表名称	图片来源
图7-23	各单体卫生间内部结构图	作者绘制
图7-24	模块化组合平面图	作者绘制
图7-25	模块化组合鸟瞰图	作者绘制
图7-26	中型组合形式效果图	作者绘制
图7-27	废旧衣物回收柜、快递柜与第三卫生间正立面图	作者绘制
图7-28	废旧衣物回收柜、快递柜与第三卫生间背立面图	作者绘制
图7-29	废旧衣物回收柜、快递柜与第三卫生间左立面图	作者绘制
图7-30	废旧衣物回收柜、快递柜与第三卫生间右立面图	作者绘制
图7-31	废旧衣物回收柜、快递柜与第三卫生间平面布置图	作者绘制
图7-32	废旧衣物回收柜、快递柜与第三卫生间效果图	作者绘制
图8-1	5m²第三卫生间平面布置图	作者、王灿绘制
图8-2	5m²第三卫生间顶面图	作者、王灿绘制
图8-3	5m²第三卫生间立面图1	作者、王灿绘制
图8-4	5m²第三卫生间立面图2	作者、王灿绘制
图8-5	5m²第三卫生间立面图3	作者、王灿绘制
图8-6	5m²第三卫生间立面图4	作者、王灿绘制
图8-7	5m²第三卫生间效果图	作者、王灿绘制
图8-8	7m²第三卫生间平面布置图	作者、王灿绘制
图8-9	7m²第三卫生间顶面图	作者、王灿绘制
图8-10	7m²第三卫生间立面图1	作者、王灿绘制
图8-11	7m²第三卫生间立面图2	作者、王灿绘制
图8-12	7m²第三卫生间立面图3	作者、王灿绘制
图8-13	7m²第三卫生间立面图4	作者、王灿绘制
图8-14	7m²第三卫生间效果图	作者、王灿绘制
图8-15	9m²第三卫生间平面布置图	作者绘制
图8-16	9m²第三卫生间顶面图	作者绘制
图8-17	9m²第三卫生间立面图1	作者绘制

图表编号	图表名称	图片来源
图8-18	9m²第三卫生间立面图2	作者绘制
图8-19	9m²第三卫生间立面图3	作者绘制
图8-20	9m²第三卫生间立面图4	作者绘制
图8-21	9m²第三卫生间效果图	作者绘制
图8-22	11.84m²第三卫生间平面布置图	作者、王灿绘制
图8-23	11.84m²第三卫生间顶面图	作者、王灿绘制
图8-24	11.84m²第三卫生间立面图1	作者、王灿绘制
图8-25	11.84m²第三卫生间立面图2	作者、王灿绘制
图8-26	11.84m²第三卫生间立面图3	作者、王灿绘制
图8-27	11.84m²第三卫生间立面图4	作者、王灿绘制
图8-28	11.84m²第三卫生间效果图	作者、王灿绘制
图8-29	12m²第三卫生间平面布置图	作者绘制
图8-30	12m²第三卫生间顶面图	作者绘制
图8-31	12m²第三卫生间立面图1	作者绘制
图8-32	12m²第三卫生间立面图2	作者绘制
图8-33	12m²第三卫生间立面图3	作者绘制
图8-34	12m²第三卫生间立面图4	作者绘制
图8-35	12m²第三卫生间效果图	作者绘制
图8-36	14m²第三卫生间平面布置图	作者绘制
图8-37	14m²第三卫生间顶面图	作者绘制
图8-38	14m²第三卫生间立面图1	作者绘制
图8-39	14m²第三卫生间立面图2	作者绘制
图8-40	14m²第三卫生间立面图3	作者绘制
图8-41	14m²第三卫生间效果图	作者绘制
图8-42	第三卫生间用户群分解图	作者绘制
图9-1	5m²第三卫生间平面布置图	作者、王灿绘制
图9-2	正视图1	作者、盛雪妍制作

图表编号	图表名称	图片来源
图9-3	正视图2	作者、盛雪妍制作
图9-4	正顶视图	作者、盛雪妍制作
图9-5	正透视图	作者、盛雪妍制作
图9-6	侧顶视图	作者、盛雪妍制作
图9-7	鸟瞰图	作者、盛雪妍制作
图9-8	洁具透视	作者、盛雪妍制作
图9-9	墙角造型	作者、盛雪妍制作
图9-10	洁具细节	作者、盛雪妍制作
图9-11	地面造型	作者、盛雪妍制作
图9-12	无障碍洗手池和小便池一体化	作者、盛雪妍制作
图9-13	婴儿护理台	作者、盛雪妍制作
图9-14	7m²第三卫生间平面布置图	作者、王灿绘制
图9-15	图纸准备	作者指导、朱荣康制作
图9-16	地面切割	作者指导、朱荣康制作
图9-17	卫生洁具制作	作者指导、朱荣康制作
图9-18	洗手台	作者指导、朱荣康制作
图9-19	化妆镜	作者指导、朱荣康制作
图9-20	无障碍坐便器	作者指导、朱荣康制作
图9-21	无障碍扶手架	作者指导、朱荣康制作
图9-22	无障碍小便池	作者指导、朱荣康制作
图9-23	空间透视	作者指导、朱荣康制作
图9-24	卫生洁具细节	作者指导、朱荣康制作
图9-25	无障碍小便池顶视图	作者指导、朱荣康制作
图9-26	通风管道切割	作者指导、肖剑制作
图9-27	通风管道与顶棚抽风机制作	作者指导、肖剑制作
图9-28	顶棚透视1	作者指导、肖剑制作
图9-29	顶棚透视2	作者指导、肖剑制作

图表编号	图表名称	图片来源
图9-30	入口透视	作者指导、肖剑制作
图9-31	顶棚布置	作者指导、肖剑制作
图9-32	顶棚效果	作者指导、肖剑制作
图9-33	安装完成	作者指导、肖剑制作
图9-34	整体效果1	作者指导、肖剑制作
图9-35	整体效果2	作者指导、肖剑绘制
图9-36	9m² 第三卫生间平面布置图	作者绘制
图9-37	卫生洁具制作	作者制作
图9-38	成人洗手台	作者制作
图9-39	亲子洗手台	作者制作
图9-40	一体化洗手池与小便池	作者制作
图9-41	智能坐便器	作者制作
图9-42	可移动无障碍支撑架	作者制作
图9-43	移动分类垃圾箱顶盖条	作者制作
图9-44	移动分类垃圾箱主体	作者制作
图9-45	移动分类垃圾箱顶盖与滑轮	作者制作
图9-46	移动分类垃圾箱造型完成	作者制作
图9-47	儿童坐便器切割	作者制作
图9-48	儿童坐便器制作	作者制作
图9-49	儿童坐便器整体完成	作者制作
图9-50	儿童坐便器细节完成	作者制作
图9-51	儿童小便池制作	作者制作
图9-52	儿童小便池完成	作者制作
图9-53	儿童玩具储存台	作者制作
图9-54	儿童玩具储存台周边墙体切割	作者制作
图9-55	儿童玩具储存台周边墙体贴纸	作者制作
图9-56	婴儿护理台切割制作	作者制作

图表编号	图表名称	图片来源
图9-57	婴儿护理台制作完成	作者制作
图9-58	亲子洗手台与化妆镜	作者制作
图9-59	刷脸手纸机	作者制作
图9-60	墙面贴纸	作者制作
图9-61	墙体与地面组装	作者制作
图9-62	墙体与墙体组装	作者制作
图9-63	顶棚架设	作者制作
图9-64	抽风通道制作	作者制作
图9-65	抽风通道完成	作者制作
图9-66	灯具与抽风机制作	作者制作
图9-67	顶棚完成	作者制作
图9-68	模型正视图	作者制作
图9-69	模型侧视图	作者制作
图9-70	模型鸟瞰图	作者制作
图9-71	模型入口图	作者制作
图9-72	11m^{2}第三卫生间平面布置图	作者、王灿绘制
图9-73	卡纸准备	作者指导、韩谋俊制作
图9-74	图纸准备	作者指导、韩谋俊制作
图9-75	贴纸准备	作者指导、韩谋俊制作
图9-76	贴纸切割	作者指导、韩谋俊制作
图9-77	卡纸打磨	作者指导、韩谋俊制作
图9-78	坐便器底座制作	作者指导、韩谋俊制作
图9-79	坐便器底座完成	作者指导、韩谋俊制作
图9-80	坐便器底座调整	作者指导、韩谋俊制作
图9-81	坐便器盖板制作	作者指导、韩谋俊制作
图9-82	成人坐便器与儿童坐便器	作者指导、韩谋俊制作
图9-83	成人小便池站立图	作者指导、韩谋俊制作

图表编号	图表名称	图片来源
图9-84	成人小便池主体图	作者指导、韩谋俊制作
图9-85	洗手台制作	作者指导、韩谋俊制作
图9-86	无障碍扶手架卡纸绘制	作者指导、韩谋俊制作
图9-87	无障碍支架完成	作者指导、韩谋俊制作
图9-88	洗手池架设	作者指导、韩谋俊制作
图9-89	无障碍洗手台完成	作者指导、韩谋俊制作
图9-90	婴儿床支架制作	作者指导、韩谋俊制作
图9-91	婴儿床制作	作者指导、韩谋俊制作
图9-92	婴儿床完成	作者指导、韩谋俊制作
图9-93	装饰画制作	作者指导、韩谋俊制作
图9-94	墙面储物架与墙面装饰画	作者指导、韩谋俊制作
图9-95	无障碍洗手台透视图	作者指导、韩谋俊制作
图9-96	卫生洁具细节图	作者指导、韩谋俊制作
图9-97	整体空间顶视图	作者指导、韩谋俊制作
图9-98	整体空间透视图	作者指导、韩谋俊制作
图9-99	整体空间正视图	作者指导、韩谋俊制作
图9-100	整体空间鸟瞰图	作者指导、韩谋俊制作
图9-101	12m² 第三卫生间平面布置图	作者绘制
图9-102	图纸准备	作者指导、肖剑制作
图9-103	卡纸准备	作者指导、肖剑制作
图9-104	卡纸切割	作者指导、肖剑制作
图9-105	卡纸打磨	作者指导、肖剑制作
图9-106	成人、儿童坐便器主体	作者指导、肖剑制作
图9-107	坐便器与坐便器盖板	作者指导、肖剑制作
图9-108	坐便器胶粘盖板	作者指导、肖剑制作
图9-109	成人洗手池制作	作者指导、肖剑制作
图9-110	成人洗手池打磨	作者指导、肖剑制作

图表编号	图表名称	图片来源
图9-111	成人洗手池完成	作者指导、肖剑制作
图9-112	儿童洗手池完成	作者指导、肖剑制作
图9-113	儿童小便池制作1	作者指导、肖剑制作
图9-114	儿童小便池制作2	作者指导、肖剑制作
图9-115	成人小便池完成	作者指导、肖剑制作
图9-116	成人与儿童小便池完成	作者指导、肖剑制作
图9-117	婴儿床栏杆制作	作者指导、肖剑制作
图9-118	婴儿床完成	作者指导、肖剑制作
图9-119	儿童洗手池与儿童小便池完成	作者指导、肖剑制作
图9-120	成人坐便器与垃圾桶	作者指导、肖剑制作
图9-121	无障碍扶手架制作	作者指导、肖剑制作
图9-122	无障碍扶手架完成	作者指导、肖剑制作
图9-123	卫生洁具成型图	作者指导、肖剑制作
图9-124	卫生洁具细节图	作者指导、肖剑制作
图9-125	卫生洁具完成图	作者指导、肖剑制作
图9-126	空间细部造型图	作者指导、肖剑制作
图9-127	整体空间透视图	作者指导、肖剑制作
图9-128	整体空间顶部图	作者指导、肖剑制作
图9-129	整体空间侧顶部图	作者指导、肖剑制作
图9-130	整体空间鸟瞰图	作者指导、肖剑制作
图9-131	整体空间完成图	作者指导、肖剑制作
图9-132	$14m^2$第三卫生间平面布置图	作者绘制
图9-133	图纸准备	作者指导、甘坤鹏制作
图9-134	卡纸准备	作者指导、甘坤鹏制作
图9-135	房门开槽	作者指导、甘坤鹏制作
图9-136	地面完成	作者指导、甘坤鹏制作
图9-137	婴儿床长栏杆制作	作者指导、甘坤鹏制作

图表编号	图表名称	图片来源
图9-138	婴儿床短栏杆制作	作者指导、甘坤鹏制作
图9-139	婴儿床护板制作	作者指导、甘坤鹏制作
图9-140	婴儿床完成图	作者指导、甘坤鹏制作
图9-141	洗手池完成图	作者指导、甘坤鹏制作
图9-142	小便池完成图	作者指导、甘坤鹏制作
图9-143	烘手机完成图	作者指导、甘坤鹏制作
图9-144	植物盆栽完成图	作者指导、甘坤鹏制作
图9-145	成人坐便器完成图	作者指导、甘坤鹏制作
图9-146	儿童坐便器完成图	作者指导、甘坤鹏制作
图9-147	装饰画	作者指导、甘坤鹏制作
图9-148	无障碍支架制作	作者指导、甘坤鹏制作
图9-149	无障碍支架上色	作者指导、甘坤鹏制作
图9-150	无障碍支架局部造型	作者指导、甘坤鹏制作
图9-151	卫生间门墙体贴图	作者指导、甘坤鹏制作
图9-152	墙体贴纸完成图	作者指导、甘坤鹏制作
图9-153	地面贴纸完成图	作者指导、甘坤鹏制作
图9-154	通风管道完成图	作者指导、甘坤鹏制作
图9-155	局部造型图	作者指导、甘坤鹏制作
图9-156	顶棚架设图	作者指导、甘坤鹏制作
图9-157	卫生间门安装成形图	作者指导、甘坤鹏制作
图9-158	洗手池局部造型图	作者指导、甘坤鹏制作
图9-159	婴儿床造型图	作者指导、甘坤鹏制作
图9-160	整体空间鸟瞰图	作者指导、甘坤鹏制作
图9-161	整体空间透视图	作者指导、甘坤鹏制作
图9-162	整体空间完成图	作者指导、甘坤鹏制作
图10-1	长亭路公共厕所平面布置图	江苏重明鸟厕所人文科技股份有限公司绘制
图10-2	第三卫生间平面布置图	江苏重明鸟厕所人文科技股份有限公司绘制

图表编号	图表名称	图片来源
图10-3	第三卫生间地面铺装图	江苏重明鸟厕所人文科技股份有限公司绘制
图10-4	第三卫生间顶棚灯具布置图	江苏重明鸟厕所人文科技股份有限公司绘制
图10-5	第三卫生间给水排水点位图	江苏重明鸟厕所人文科技股份有限公司绘制
图10-6	第三卫生间配电平面图	江苏重明鸟厕所人文科技股份有限公司绘制
图10-7	第三卫生间立面图1	江苏重明鸟厕所人文科技股份有限公司绘制
图10-8	第三卫生间立面图2	江苏重明鸟厕所人文科技股份有限公司绘制
图10-9	第三卫生间立面图3	江苏重明鸟厕所人文科技股份有限公司绘制
图10-10	第三卫生间立面图4	江苏重明鸟厕所人文科技股份有限公司绘制
图10-11	长亭路公共厕所外观图	作者拍摄
图10-12	第三卫生间全景图	作者拍摄
图10-13	家属陪护座椅、幼儿安全座椅	作者拍摄
图10-14	扫码监测尿液说明	作者拍摄
图10-15	智能坐便器	作者拍摄
图10-16	儿童坐便器、可折叠婴儿护理台	作者拍摄
图10-17	高低位洗手台	作者拍摄
图10-18	扫码出纸机说明	作者拍摄
图10-19	自动洗手液机	作者拍摄
图10-20	自动烘手机	作者拍摄
图10-21	伸缩拉门	作者拍摄
图10-22	隐私玻璃	作者拍摄
图10-23	第三卫生间标志牌	作者拍摄

图书：

[1] James Holmes-Siedle，Selwyn Goldsmith. 无障碍设计：建筑设计师和建筑经理手册［M］. 大连：大连理工大学出版社，2002.

[2] 中国建筑标准设计研究院. 国家建筑标准设计图集03J926建筑无障碍设计［M］. 北京：中国计划出版社，2006.

[3] 焦舰.城市无障碍设计［M］. 北京：中国建筑工业出版社，2014.

[4] 阿尔法图书. 公共洗手间的创意设计［M］. 武汉：华中科技大学出版社，2017.

[5] 周星. 道在屎溺——当代中国的厕所革命［M］. 北京：商务印书馆，2019.

[6] 李竹. 厕所革命［M］. 桂林：广西师范大学出版社，2019.

[7] 妹尾河童. 窥视厕所［M］. 北京：生活·读书·新知三联书店，2019.

[8] 阿尔法图书. 厕所革命：日本公共厕所设计［M］. 南京：江苏凤凰科学技术出版社，2020.

[9] 韦哲，韦铁民. 厕所革命的实践［M］. 北京：中译出版社，2020.

[10] 郑康，李嘉峰. 无障碍卫生间设计要点图示图例解析［M］. 北京：中国建筑工业出版社，2021.

期刊：

[1] Merryn Haines-Gadd, Atsushi Hasegawa, Rory Hooper, Quentin Huck, Magdalena Pabian, Cesar Portillo, Lu Zheng, Leon Williams, Angus McBride. Cut the Crap: Design Brief to Pre-Production in Eight Weeks: Rapid Development of an Urban Emergency Low-Tech Toilet for Oxfam［J］. Design Studies, 2015, 40.

[2] Zulkeplee Othman, LaurieBuys.Towards More Culturally Inclusive Domestic Toilet Facilities in Australia［J］. Frontiers of Architectural Research, 2016, 5.

[3] Surya A.V., Archna Vyas, Madhu Krishna. Identifying Determinants of Toilet Usage by Poor in Urban India［J］. Procedia Computer Science, 2017, 122.

[4] Chung-Ying Tsai, Michael L.Boninger, Sarah R.Bass, Alicia M.koontz.Upper-Limb Biomechanical Analysis of Wheelchair Transfer Techniques in Two Toilet Configurations［J］. Clinical Biomechanics, 2018, 55.

[5] Steven M.V.Gwynne, Aoife L.E.Hunt, J.Russell Thomas, Alexandra J.L.Thompson, Lisette Seguin.The Toilet Paper: Bathroom Dwell Time Observations at an Airport［J］. Journal of Building Engineering, 2019, 24.

[6] Kimberly Burkhart, Carrie Cuffman, Catherine Scherer. Clinician's Toolkit for Children's Behavioral Health［J］. Clinician's Toolkit for Children's Behavioral Health, 2020: 77-100.

[7] Fernanda Deister Moreira, Sonaly Rezende, Fabiana Passos. On-Street Toilets for Sanitation Access in Urban Public Spaces: A Systematic Review［J］. Utilities Policy, 2021, 70.

[8] 朱文鹏. 卫生洁具的造型设计［J］. 建筑学报，

1962（8）：23-25.

［9］ 夏高生. 造型美术设计在建筑卫生陶瓷商品生产中的作用［J］. 陶瓷，1984（6）：52-54.

［10］ 叶耀先. 适应老龄社会的住宅［J］. 建筑学报，1997（11）：18-19.

［11］ 伍斌，孙清华. 现代卫生洁具的人性化设计［J］. 中国陶瓷工业，2003（3）：56-59.

［12］ 刘永翔. 卫生间系统的产品残障设计研究［J］. 工程图学学报，2007（1）：117-122.

［13］ 周燕珉，林婧怡. 基于人性化理念的养老建筑设计——中、日养老设施设计实例分析［J］. 装饰，2012：84-85.

［14］ 王玮，凌继尧. 高科技养老介助卫浴产品创新设计研究［J］. 南京艺术学院学报（美术与设计），2015（5）：180-183.

［15］ 石园，吴海平，张智勇，梁广文，赵俊. 人因工程下不同养老模式的适老化设计研究［J］. 中国老年学杂志，2016（4）：987-991.

［16］ 李海燕. 第三卫生间掀起"厕所革命"［J］. 人民周刊，2017（4）：22-23.

［17］ 秋君. 第三卫生间掀起"厕所革命"［J］. 先锋队，2017（15）：55.

［18］ 刘杰，白佳茵，王怡文，马发旺. "厕所革命"背景下第三卫生间的认知及建设调查研究［J］. 江苏商论，2018（6）：117-121.

［19］ 焦敏，方舒. "第三卫生间"公众认知与需求探究——以成都市武侯祠为例［J］. 旅游纵览（下半月），2018（14）：67-69.

［20］ 周莉莉. 地域文化视角下的第三卫生间公共设施设计研究［J］. 艺术科技，2018（11）：237.

［21］ 张利，叶扬. 厕所：建筑人类学的一条线索［J］. 世界建筑，2019（6）：10-15.

［22］ 王楚言，邢露，李岚. 第三卫生间建设规划研究——以南京市玄武湖及周边400米范围为例［J］. 艺术科技，2019（6）：13-15.

［23］ 梅小清，罗瑞云. 商业空间中的第三卫生间设计研究［J］. 建材与装饰，2020（1）：102-103.

［24］ 樊孟维. 基于"全设计"理念的第三卫生间设计研究［J］. 长春大学学报，2020（7）：103-107.

［25］ 冯嗣禹，杨翠霞，田涛. 我国公共卫生间无障碍环境热点研究［J］. 绿色科技，2021（22）：202-205.

［26］ 樊孟维，于波，郭海涛. 城市公园第三卫生间设计调研［J］. 通化师范学院学报，2020（10）：85-90.

［27］ 丁秦杰，叶雯，邓义环，刘佳颖，程琪. 城市第三卫生间的探索——以蚌埠市为例［J］. 住宅与房地产，2021（31）：237-239.

［28］ 全国市长研修学院（住房和城乡建设部干部学院），北京康之维科技有限公司. 城市公厕革命发展趋势研究报告［J］. 城乡建设，2021（17）：12-29.

［29］ 高燕，王少武，柴建伟. 海峡两岸公共厕所无障碍设计标准比对研究［J］. 福建建筑，2021（2）：20-24.

［30］ 谭烈飞. 厕所发展简史［J］. 北京纪事，2022（2）：61-63.

论文：

［1］ Odey Emmanuel Alepu. 无水冲厕所粪便消毒抑臭及资源化处理技术［D］. 北京：北京科技大学博士学位论文，2019.

［2］ 周波. 基于未来智慧城市愿景的城市家具设计研究［D］. 杭州：中国美术学院博士学位论文，2019.

［3］ 田玉梅. 残疾人和老年人的居住空间无障碍研究［D］. 天津：天津科技大学硕士学位论文，2003.

［4］ 孔德明. 儿童产品艺术设计探微［D］. 长春：吉林大学硕士学位论文，2005.

［5］ 刘冰颖. 城市儿童游戏和游戏活动空间的设计

研究［D］. 北京：北京林业大学硕士学位论文，
2005.

［6］ 陈柏泉. 从无障碍设计走向通用设计［D］. 北
京：中国建筑设计研究院硕士学位论文，2006.

［7］ 刘斐. 现代卫浴产品的设计研究［D］. 上海：
同济大学硕士学位论文，2006.

［8］ 陈伟鸿. 儿童用品的仿生造型设计方法研究［D］.
西安：西北工业大学硕士学位论文，2006.

［9］ 张叶蓁. 老年人助行产品无障碍设计研究［D］.
无锡：江南大学硕士学位论文，2009.

［10］ 罗婵. 基于和谐文化层次的卫浴产品设计研
究［D］. 长沙：湖南大学硕士学位论文，2013.

［11］ 沈萍. 儿童友好型城市公共空间设计策略研
究［D］. 长沙：湖南大学硕士学位论文，2010.

［12］ 郝宏杰. 无障碍生活辅助产品设计研究［D］.
北京：北方工业大学硕士学位论文，2016.

［13］ 徐晗. 人性化视角下的医疗建筑室内空间设
计——以苏州大学附属儿童医院为例［D］. 沈
阳：鲁迅美术学院硕士学位论文，2017.

［14］ 周莉莉. 基于用户行为的第三卫生间公共设施产
品设计研究［D］. 广州：广州大学硕士学位论
文，2019.

［15］ 葛琳琳. "体验"指导下的城市公共厕所设计研
究［D］. 南京：南京艺术学院硕士学位论文，
2019.

［16］ 梁颖. 用户体验导向下的乡村老人厕所设施设计
研究［D］. 沈阳：沈阳航空航天大学硕士学位
论文，2019.

［17］ 邱棋. 天津海河景观带公共厕所的研究［D］.
天津：天津美术学院硕士学位论文，2019.

［18］ 刘玉妍. 无障碍设计理念在城市公厕设计中的应
用研究——以重庆市主城区公厕设计为例［D］.
重庆：四川美术学院硕士学位论文，2020.

［19］ 陆文娴. 广州城市公园公共卫生间适老化改造策
略研究［D］. 广州：华南理工大学硕士学位论

文，2021.

［20］ 孙红元. 客改式智能生态卫生间设计［D］. 昆
明：昆明理工大学硕士学位论文，2021.

标准：

中华人民共和国住房和城乡建设部. 城市公共厕
所设计标准：CJJ 14—2016［S］. 北京：中国
建筑工业出版社，2016.

报纸：

［1］ 苑广阔. "第三卫生间"体现文明与进步［N］.
中国旅游报，2015-07-20（004）.

［2］ 万阅歌. 为让"方便"更方便谨防"第三卫生
间"流于形式［N］. 上海法治报，2017-03-07
（B06）.

［3］ 许朝军. 别让"第三卫生间"成为"纸上设施"
［N］. 中国旅游报，2017-04-27（003）.

［4］ 汪昌莲. "第三卫生间"的尴尬如何破解？［N］.
工人日报，2017-06-01（003）.

［5］ 象飞田. 第三卫生间凸显人文关怀［N］. 焦作
日报，2017-09-05（008）.

［6］ 宋向乐，梁倩文. 网友热议"厕所革命"幸福生
活需更"方便"［N］. 河南日报，2017-12-05
（010）.

［7］ 张翼. 从"第三卫生间"看景区厕所的人性化服
务［N］. 遵义日报，2017-12-25（007）.

［8］ 王音. 农村公厕要注重人性化［N］. 天津日报，
2018-01-12（013）.

［9］ 余池明. 人类文明的演进与四次厕所革命［N］.
中国城市报，2018-07-16（019）.

［10］ 魏晓敏. "第三卫生间"体现人文关怀［N］. 新
华日报，2018-09-11（005）.

［11］ 赵强. "厕所革命"提高的不止是生活品质［N］.
深圳特区报，2019-06-03（A02）.

［12］ 庄媛. "第三卫生间"是城市人文关怀的"标尺"
［N］. 深圳特区报，2019-08-16（A02）.

［13］ 陈晓曼. 第三卫生间应多建一些［N］. 健康报，

2021-06-07（002）.

［14］张守坤，韩丹东. 让妈妈带男娃上厕所不再难
［N］. 法治日报，2021-07-06（008）.

［15］汪昌莲. "建管并重" 破解第三卫生间尴尬［N］.
中国旅游报，2021-07-15（003）.

后 记

目前为止，我国第三卫生间的概念刚提出还没多久，关于第三卫生间设计的书籍也不多见，本书内容具有探索性。全书以第三卫生间的空间设计为主轴，内容分为11个章节，依次阐述了现状分析，第三卫生间与无障碍卫生间的比较研究，第三卫生间、母婴室、化妆间的比较研究，第三卫生间的创意标志设计，第三卫生间的创意墙贴设计，第三卫生间的创意洁具设计，基于生态文明建设的第三卫生间生态设计，第三卫生间的空间设计，第三卫生间的建筑模型制作，第三卫生间的建筑实体制作，疫情时代下第三卫生间的防护设计探讨。通过由建筑空间到卫生洁具、由人性化到生态性、由国内到国外的全方位、多角度、系统性分析，并配合大量的设计案例图片和平面图、立面图、大样图，将第三卫生间的各项细节设计、创意设计予以展现，方便读者参考借鉴。

本书的理论意义在于大力开展第三卫生间空间设计及推广研究，能够彰显人文关怀真谛。人文关怀的主旨思想就是要为老弱病残孕群体如厕提供便利，及为其家庭提供服务。大力开展第三卫生间空间设计及推广研究就是对他们的心理需求给予足够的尊重，对他们的生理需求给予足够的便利，这充分体现了人文关爱的真谛，让生活在新时代的特殊人群真正享受到安全、舒适的如厕环境。

本书的实用价值在于满足近些年随着国民经济的快速发展，人们生活质量的不断提升而对户外公共设施更多样化、细致化的需求。但当前大多数公共厕所都缺乏第三卫生间设置，少数有第三卫生间的又不够完善，所以开展第三卫生间空间设计模式探索就是为了顺应时代发展，也为城市环境卫生建设提供有效的借鉴。

2019年10月，我前往北京，拜访了清华大学美术学院的刘新教授、北京市城市管理研究院的许春丽高级工程师，并就第三卫生间设计内容开展了学术探讨。

2019年12月，"中国厕所先生"、江苏重明鸟厕所人文科技股份有限公司董事长钱军看望我，我也与钱先生进行了第三卫生间设计交流。这些交流开阔了我的第三卫生间设计视野，拓展了我的第三卫生间设计内容。

2020年3月，我申报的《"厕所革命"背景下的第三卫生间设计及推广研究》获得教育部人文社会科学研究青年基金项目（20YJC760056）立项时，自己是喜悦的！第一时间成立了课题组，开展项目攻坚。同时邀请刘新先生、钱军先生作为本项目指导专家，分别从学术界、企业界对课题进行指导、把关。

2020年11月，我前往江苏重明鸟厕所人文科技股份有限公司（盐城公共厕所生产工厂）进行实地考察，并学习到了该公司在盐城市建造的六个网红厕所经验。

2021年4月，我前往上海市环境集团下属上海环境工程设计科学研究院有限公司，拜访了余召辉工程师，得到了该院邰俊副院长的接见，学习到上海市第三卫生间设计的先进经验。

2021年7月，我再次前往江苏重明鸟厕所人文科技股份有限公司（武汉分公司）实习工作。通过一个月的企业锻炼，让自己进一步学习到一些实践知识（考察江夏公厕项目、考察武汉九中公厕项目、学习公厕项目调研书、学习公厕项目预算书、查阅公厕图书资料等），并从该公司同事们那里，学习到一些实际工作经验（装配式厕所安装、吊装式厕所安装、三格化粪池安装、厕所竣工图绘制、厕所文案数字媒体制作等）。

2021年9月，我结识了北京市公共厕所企业协会专家委员、《厕所之声》媒体主编马芮先生，并加入了他建立的"厕所革命"微信交流群，群里汇集了全国各地从事厕所行业相关工作的人士，我学习到了全国厕所行业的新科技新知识。

2022年3月，我邀请马芮先生作为本项目的第三位指导专家，从媒体人的角度进一步指导我的科研工作。

截至目前，教育部人文社会科学研究青年基金项目课题组共发表学术论文7篇：《第三卫生间标志设计案例分析及应用》《第三卫生间的服务需求研究——基于北京、上海、武汉用户的调查问卷分析》《第三卫生间与无障碍卫生间的比较研究》《第三卫生间创意墙贴案例设计分析》《第三卫生间创意洁具案例设计分析》《后疫情时代下第三卫生间防护设计探讨》《基于用户调研的公共设施生态设计研究》。获批国家外观设计专利3件："多功能小便池""坐便器（沙发式）""洗手池（亲子）"。

本书汇集以上学术成果而成，也是我的著作《城市公共厕所的优化设计》的姐妹书。由于第三卫生间出现至今，时间不长，加之作者的视野和水平有限，书中内容难免有疏漏不妥之处，望各位批评指正，作者定会积极回应。

在此感谢本项目组各位成员的积极参与。感谢这次陪我进行第三卫生间"设计疯"的学生们：肖剑、韩谋俊、甘坤鹏、朱荣康、王循、郑景元、刘晓文、杜清明、段望、叶巧玲、胡月。感谢中国建筑工业出版社为本书的出版和推广所做的辛勤工作。感谢江苏重明鸟厕所人文科技股份有限公司的领导和同事们。感谢湖北商贸学院的领导和同事们，湖北商贸学院是经教育部批准设立的全日制普通本科高校，学校现有武汉、咸宁两个校区。武汉校区位于湖北省武汉市光谷核心区域，咸宁校区位于湖北省咸宁市主城区。学校整体依山傍水，占地千余亩。

最后要感谢我的家人一路陪伴，因为有你们的支持，我才能静心写作。感谢母亲雷萍女士在我七岁的时候，送我去武汉市青少年宫学习美术，为我今天从事环境设计教学及研究工作打下了基础。

第三卫生间是我国现代文明发展和人文关怀的标志，愿本书的出版对第三卫生间的设计及建造有所助益！

2022年4月